小达尔文
自然科学馆
⑤

# 性选择

〔英〕查尔斯·达尔文 著　李　娟　吕昌顺 编译

中国妇女出版社

图书在版编目（CIP）数据

性选择 ／（英）查尔斯·达尔文著 ；李娟，吕昌顺
编译 . —— 北京：中国妇女出版社，2021.7
（小达尔文自然科学馆）
ISBN 978-7-5127-2005-3

Ⅰ．①性… Ⅱ．①查… ②李… ③吕… Ⅲ．①性选择
－青少年读物 Ⅳ．① Q111.2-49

中国版本图书馆 CIP 数据核字（2021）第 114507 号

## 性选择

作　　者：〔英〕查尔斯·达尔文 著 李　娟　吕昌顺 编译
责任编辑：王　琳
封面设计：季晨设计工作室
责任印制：王卫东
出版发行：中国妇女出版社
地　　址：北京市东城区史家胡同甲 24 号　　邮政编码：100010
电　　话：（010）65133160（发行部）　　65133161（邮购）
网　　址：www.womenbooks.cn
法律顾问：北京市道可特律师事务所
经　　销：各地新华书店
印　　刷：北京中科印刷有限公司
开　　本：170×235　1/16
印　　张：15.75
字　　数：200 千字
版　　次：2021 年 7 月第 1 版
印　　次：2021 年 7 月第 1 次
书　　号：ISBN 978-7-5127-2005-3
定　　价：45.00 元

# 编者的话

达尔文是人尽皆知的博物学家，至今人们还在研究他创立的生物进化学说。本书选自他的著作《人类的由来及性选择》中的第二部分"性选择"。《人类的由来及性选择》是除《物种起源》外，达尔文重要的理论作品之一。其详细讨论了人类的进化史，并特别论证了只在《物种起源》中稍有提及的性选择理论。

在达尔文看来，性选择是独立于自然选择的另一种进化机制。这与当今的看法不同，现在多认为性选择是自然选择的一种特殊形式。但无论如何，作为该理论的提出人，达尔文根据自身卓越的观察能力，推理出动物会通过改变外表或部分器官来赢得交配权，从而留下更多、更具有优势的后代，以保证种群的延续。

《人类的由来及性选择》这个书名显示出，达尔文在其中探讨了人类的起源。这主要是因为达尔文在进化论发表之后，受到了当时社会的大量质疑。有人提出人类也是动物的一员，如果所有生物都遵循进化论，那么人类又是从何而来呢？顶住层层压力，达尔文在《物种起源》出版12年之后，又出版了《人类的由来及性选择》，回答了这个问题。值得注意的是，达尔文在书中特意单独提出"性选择"，并作为对人类由来的一个佐证。他这样做的原因，还要结合当时的时代背景来看。

英国维多利亚时代的人认为，男女在生理上天生就具有很大差异，女性适合生儿育女和做家务，而男性则勇敢、聪明，适合在社会上打拼。女人在挑选男人的时候，也更看重男性的这些特点。达尔文没能从这个局限中走出，认为仅靠自然选择——适者生存这条法则，无法解释男性因被女性挑选从而发生改变的事实，所以花费大量的篇幅讨论了自然界异性在交配时进行的选择。

虽然达尔文关于人类进化的观点还不够成熟，但关于性选择的部分却十分完整，所举事例也十分充分。本书将这部分单独拿出来成书，旨在让更多的人在看完或了解了进化论（请参看本社出版的《物种起源》系列）之后，能再补充性选择方面的知识，将达尔文整个生物进化理论整合成一个体系。

达尔文不仅在书中提出了开创性的观点，也详细记录了自己的研究过程。他不厌其烦、兢兢业业地研究了动物的各大纲中具有代表性的物种，尤其详细比照了昆虫纲中的鳞翅目与鸟纲，奠定了性选择的可信性，影响了动物行为学和生殖学的发展。在20世纪，随着遗传学的发展，性选择理论得到了进一步证实，也为人类进一步思考物种的起源提供了一个有力的参考。

在浩瀚的学术海洋，只有很少的一部分知识被人类认定为完全正确，而更多的则被更新、补充，甚至推翻。这就是探索与研究的乐趣。探索与研究不仅可以找出未知的答案，也可以改变人类的生活，更是人类进步的阶梯。无论你仍在读书，还是已经步入社会工作；无论你是一个生物学门外汉，还是一个科普爱好者；你都能从这本书中学到切实可行的科学研究方法，为你的学习和工作助力。

目 录 Contents

# Chapter 1

性选择原理

# 第一性征与第二性征

对所有雌雄异体的动物来说，它们的性征分为两种：

第一性征指生殖器官，雌雄个体必然有着本质的区别；

第二性征与动物本身的生殖行为没有直接联系，但雌雄个体间也存在着本质的区别。

●为了接近雌性个体，某些雄性个体会发展出独有的某种感觉器官或运动器官，又或者这些器官比雌性个体更发达。

●某些雄性个体甚至具备交配时抱握雌性个体的器官，这些抱握器官形形色色，各不相同，其中有些像第一性征器官一样明显，甚至被视为第一性征器官，这点在一些雄性昆虫中表现得尤为明显。

鉴于以上原因，我将第一性征限定于生殖器官，以便区分第一性征和第二性征。

雌性个体与雄性个体的区别还在于，前者一般具备为后代提供营养或保护的器官，例如某些哺乳动物具备乳腺，某些动物具备腹袋。然而，有些动物与之相反，雄性动物具备类似的器官，但雌性动物却不具备。

　　●某些雄性鱼类和蛙类具有发育或半发育的卵巢。
　　●多数雌性蜂类具有采集和携带花粉的特殊工具，而且失去产卵功能的产卵器会演变成螫针，用于保护幼虫及群体中其他成员。

　　还有一些雌雄异体动物的区别不在于生殖器官，而在其他方面，这一点尤其值得我们注意。

　　●雄性体形更大，力量更强，更好斗，进攻对手或防御袭击的手段更高级，身体色彩更鲜艳，装饰物更多，鸣唱能力更强等，这些大多是出于吸引异性的目的演变而来的。

　　除了上述第一性征与第二性征的差异，某些物种的雌雄个体差异由不同的生活习性造成，与生殖功能无关或关联不大。

例如

● 某些蚊科昆虫和虻科昆虫的雌性都以吸血为生，而雄性则以吸食花蜜为生，后者 口器 中的口针已经退化，不能刺进皮肤。

这里指昆虫的口部结构。

● 某些雄性蛾类的口器发育不完善且是封闭的，因此不能取食。

上述情况都是雄性个体发生了变异，从而失去了雌性个体具有的某些重要器官。与之相似的是，某些动物的雌性也会失去某些器官。

例如

● 雌性萤火虫没有翅膀，许多雌性蛾类也是如此，甚至有些雌性蛾类都没有破茧而出的过程。

● 许多雌性寄生甲壳类动物逐渐丧失了用于游泳的后肢。

● 象甲科某些种类的 象甲虫 的雌雄个体在喙长上存在差异，但这种差异对个体的影响尚不明确。

生活习性不同造成雌雄个体差异的情况一般存在于低等动物中，但个别鸟类也存在这种差异。

●生活在新西兰的垂耳鸦雌雄的喙有较大差异。其雄鸟主要通过硬喙啄开树木表层木质取得食物，而雌鸟的喙更长且十分柔韧，可以伸到树木较深处获得食物，因此它们在取食时可以互相帮助。

多数情况下，雌雄个体的差异与繁殖后代有直接关系。雌性个体需要为下一代提供营养，需要更多食物补给，因而会采取特殊的取食手段。雄性个体由于取食需求没有那么强烈，因此取食器官会退化甚至消失，但是为了易于接近雌性，其运动器官会不断进化。飞翔、游泳、行走等技能如果对雌性个体没有很大用处，且不会影响生命安全，也会逐渐退化。

# 性选择

下面我们要谈论的是性选择，即某些个体在繁殖方面比同物种、同性别的其他个体更占优势。

> 自然选择是达尔文关于物种进化的一种理论。简单来说，物种之间存在竞争，为了赢得竞争，有些物种会偶然产生利于生存的变异，这种变异会被后代继承，从而使种群得以进化。而那些不能产生有利变异的物种，则会被逐渐淘汰。

雌雄个体因为生活习性不同而产生差异的原因是，　自然选择　导致了变异的发生，遗传作用又使变异性状在某一性别个体中积累、传递。

对于很多个体而言，第一性征的器官以及繁殖后代所需的器官都会经历演化过程，因为只有这样，它们才能在同等条件下留下最大数量的后代，并且将它们的优越性遗传下去。繁殖能力差的个体，其后代的繁殖能力也较弱，后代数量较少。雄性个体的感觉器官和运动器官越发达，就越容易得到雌性个体的青睐。如果这些器官还有其他用途，那么它们就会通过自然选择，遗传具有优势的方面。

雄性个体追求到雌性个体之后，有时还需要抱握器官，以牢牢抓住配偶。

例如

●某些雄性蛾类如果跗节不完整，就会影响其与雌性蛾类的交配。

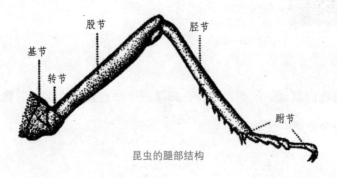

昆虫的腿部结构

●许多海洋甲壳类动物的雄性在成年之后，其足和触角会发生改变，用以抱握雌性。

这种改变不难理解，大海的洋流会把各种海洋生物冲向不同的方向，为了繁殖后代，它们必须通过这种方式进行结合。按照这种思路，它们的器官改变就是自然选择的结果。

为了繁殖后代，许多低等生物也会发生类似变异。比如某些雄性寄生虫，在个体成熟之后，躯体末端就会变得粗糙，甚至会像一把锉刀，其目的是将雌性伴侣缠绕并持久抱握。

如果某一物种的雌雄个体生活习性一致，但是雄性个体的感觉器官或运动器官更为发达，那么这些器官的作用很可能就是为了接近雌性个体。多数情况下，这些器官似乎仅为雄性个体提供某种优势，可相应器官并不发达的雄性个体在足够的时间条件下也会成功与异性进行交配。而且对于雌性个体而言，如果与雄性的生活习性相同，那么即便相应器官不发达，也不会对生存造成影响。由此可见，雄性个体的这些优势只是为了在争夺交配权中取胜，从而把这种性状遗传给更多的雄性后代。正因为如此，我们把这种选择形式定义为"性选择"。

另外，如果雄性个体在与雌性个体交配时，受到其他雄性个体的威胁或攻击，其抱握器官会在此时发挥作用，防止雌性个体逃脱。抱握器官发育得越好越有优势，这种优势会通过遗传来继承，并不断完善。很多情况下，我们很难将自然选择的效果与性选择的效果完全区分。雌雄个体在感觉器官、运动器官、抱握器官等方面的差异不计其数，但是这种差异并不比其他能适应正常生活的器官之间的差异更吸引人，所以我只简单列举了一些例子，并不想过多地赘述。

## 性选择的作用

　　性选择一定会造成生殖器官以外的其他器官以及本能的差异，比如雄性个体攻击并战胜竞争对手的武器及防御手段，在雌性个体面前表现得勇猛好斗，以及光鲜亮丽的外表、特殊鸣叫和散发特殊气味的腺体。这些性状多以吸引异性为主，因此是性选择，而不是自然选择的结果。这是因为好斗性差、外表一般、不会发出特殊鸣叫和气味的雄性个体也会在生存竞争中留下后代。同理，雌性个休不具备这些吸引异性的特殊表现，但仍能生存下来并繁衍后代。

　　对于上述这些性征，我很感兴趣，尤其是对某一性别个体的意志力、选择、竞争更有兴趣，因此我将在下面几章里详细讲解。

　　如果两只雄性动物为了占有雌性动物而进行战斗，或者一些雄鸟在雌鸟群体面前展示华丽的羽毛、进行滑稽的表演，毋庸置疑，这些行为由本能引起。为了求得配偶，它们在有意发挥本能及肉体的潜力。

　　人们会从斗鸡场中选择好斗善战的鸡来改良 斗鸡品种 ，大自然中也有类似的过程。那些占有优势的雄性个体大部分都强壮、精力充沛且拥有绝佳武器，它们可以带动相关品种的改良。某种轻微的变异可能会为个体带来某种优势，无论这种变异有多么微小，都会对性选择过程产生影响。相比而言，第二性征更容易变异，变异效果更为显著。人类按照自己的审美标准，会对家禽进行选择与改造，比如通过选择使锡伯莱特矮鸡拥有漂亮的羽毛及昂首挺胸的独特姿态。在自然环境中，雌鸟会对雄鸟进行类似的选择，使雄鸟的外表更加美丽以吸引异性。毫无疑问，雌鸟具有鉴别美和欣赏美的能力，这点虽然让人难以接受，但是我会通过后面的例子证明这一点。当然，低等动物的审美能力及感受与人类无法相提并论。

由于我们的知识在很多方面仍有空白，所以无法确定性选择的确切作用。尽管如此，我还是认为性选择对动物的进化产生了一定作用。相信物种可变性的人读了下面的章节，应该会同意我的意见。

# 雄性的变异

几乎所有的动物群体都存在着雄性个体为了争夺雌性个体而进行的争斗。如果雌性个体具有挑选配偶的心理能力，它会从众多雄性个体中选择最适合的对象。很多情况下，受环境条件制约，雄性个体之间的竞争尤为激烈。

例如

●生活在英国的雄性候鸟会先于雌鸟到达繁殖地，早早做好争夺雌鸟的准备。

近40年来，英国布莱顿的斯威斯兰德一直保持一种习惯，即候鸟一到便开始捕猎。经过多年观察，他发现最先到达的全是雄鸟。有一年春天，他猎捕了39只 鹡鸰 雄鸟，但是仍未见雌鸟的踪迹。无独有偶，丘尔德先生解剖了最先到达的鹡鸟，也断定雄鸟先于雌鸟到达。大多数生活在美国的候鸟也是如此。

●从海洋溯游到英国河流的鲑鱼也有同样的情况，雄性先期到达并做好繁殖准备。

●在昆虫纲中，较早从蛹中羽化的都是雄性。

雌雄个体到达繁殖地以及羽化成熟早晚时间不同，原因显而易见：最先到达并早早做好繁殖准备，又极富激情的雄性个体，会留下大量后代，而这些后代又会遗传这种本能。雌性个体的繁殖时间由季节决定，如果繁殖时间不变，物种的成熟时间就不会发生本质上的改变。总之，对于雌雄异体动物而言，雄性个体会为了占有雌性个体而不断进行争斗。

在性选择这一问题的研究中，我们面临的问题是，如何确定在争斗中取胜的雄性个体留下了更多后代以继承其优越性，以及更吸引雌性的雄性个体比其他魅力不足的雄性个体留下的后代更多。如果不能得到准确数据，我们不能说某些雄性个体具有的特性通过性选择遗传下来并逐渐增强。如果某一动物群体中，雌雄个体数目相当，那么不具备竞争优势的雄性个体也会找到交配的雌性，并留下很多后代，适应环境并生存下来。

我本以为，对于大多数第二性征比较发达的动物群体，其雄性个体数量远超雌性个体数量。但事实并不完全如此，即便雄性个体与雌性个体的比例是2∶1或3∶2，甚至雄性所占比例更低，具有竞争优势的雄性也会留下更多后代。在考察了不同动物的性别比例之后，我认为两种性别的个体在一般情况下数量差距不会很悬殊。由此可以判断，性选择的作用是通过下述方式完成的。

下面，我以某种鸟类为例进行说明。


把居住在某一地区的雌鸟分为数量相等的两个群体，其中一个群体中的雌鸟精力充沛，营养状况良好，另一个群体中的雌鸟则精力较差，体质较弱。毫无疑问，第一个群体中的雌鸟会在春季先做好繁殖准备。而且，精力充沛、营养状况良好、繁殖较早的雌鸟，会成功繁殖比较优良的后代，且后代数量较多。雄鸟一般会先于雌鸟做好繁殖准备，体格健壮、最有魅力的雄鸟会更有优势，把相对较弱的雄鸟赶走之后，它们将有机会和精力充沛、营养状况良好的雌鸟交配。这些雌鸟的繁殖能力肯定优于另一组雌鸟，因此其后代数量就会更多。如果大群体中雌鸟和雄鸟数量相当，那么发育迟缓的雌鸟只能同交配竞争中失败的雄鸟交配，其后代优势则愈发不明显。由此可见，在世代的遗传与交配中，雄鸟体形巨大、体格健壮、更加勇敢、更善于进攻等特点会得到强化。

很多时候，即使雄性个体在竞争中获胜，如果得不到雌性个体的青睐，雄性个体不会强行占有雌性个体。动物的求偶并不是简单的竞争与占有。雌性个体最容易被那些外表华丽、鸣叫动听、表演出色的雄性个体吸引，并愿意与之交配。除此之外，事实表明，雄性个体也倾向于选择精力充沛且活跃的雌性个体。体格健壮、繁殖较早的雄性个体优先在众多体格健壮的雌性个体中选择，因此较早开始交配的雌雄个体留下的后代会更有优势。这样势必会让雄性个体的体力、战斗力、外表的性状得以遗传、强化。

精力充沛、在竞争中取胜的雄性个体可以自由选择配偶，但很少选择特定的配偶，体格健壮的雌性个体具有优先被选择的机会。某些高等动物的雄性个体在交配季节保护配偶的能力更强，并会与其一起养育后代，使后代的存活及性状遗传更有优势。如果某一个体选择的异性不仅有魅力且体力强健，那么后代一般也会有明显的优势。

## 不同物种的性别比例

我个人认为，如果雄性个体数量远远超过雌性个体数量，那么性选择就相对简单一些。我尽力对多种动物的两性比例进行调查，但是材料及数据仍不够完善。为了使我的论述过程更清晰，我在这里只记录调查结果的大致情况。

对于家养动物，确定其性别比例相对容易，但是相关记录较少。借助其他方法，我搜集了相当可观的统计数字，从这些数字中可以看出，大多数家养动物出生时的雌雄性别数目几乎没有差别。

●在统计的21年间，共出生25560匹赛马，公马与母马的比例为99.7∶100。

●灰狗的性别比例则不太稳定，12年间共出生6878只幼崽，其中公狗与母狗的比例为110.1∶100。

然而，家养条件下的性别比例能否代表自然条件下的情况，仍有待核实，因为自然环境改变会影响性别比例。

为了达到相关统计目的，我们要关心的不仅是出生时期的性别比例，还要考虑成熟个体的性别比例。羊等动物，雄性在出生前、出生时及幼崽时期的死亡数目比雌性多。有些物种的雄性个体彼此厮杀，或者彼此追逐直至失去战斗力，这都会导致雄性个体死亡数目增多。雄性个体在寻找、靠近雌性个体过程中，必定也会面临种种危险。许多种类的鱼，雄性会被同类雌性吃掉，因此数目更少。但也有相反的情况，有些雌鸟在巢穴中照看雏鸟时被杀害，因此数量更少。就昆虫而言，雌性幼虫往往多于雄性，因此被吃掉的可能性就更大。在很多物种中，成熟的雌性个体不好动或者行动迟缓，因此不能有效规避险情。由此可见，对于自然条件下成熟时期的动物个体性别比例，我们不能准确测量，只能有个大概。尽管如此，我们仍然能够根据事实得出结论：少数哺乳类动物、多数鸟类、一些鱼类和昆虫类动物的雄性个体数量远多于雌性。

雌雄个体的比例不是一成不变，而是逐年变化的。

●赛马群体某一年的公母比例为107.1∶100，而另一年则是92.6∶100。

●对于灰狗而言，某相邻两年的公母比例分别为116.3∶100和95.3∶100。

如果把调查范围扩大，这种波动则可能消失，也就不能看出性选择在自然条件下发生了作用。对某些野生动物而言，性别比例的不同还与季节或产地有关，这两种因素可以导致性选择发生作用。这一点不难理解，在某一季节或某一地点，雌性数量较少，那么能够战胜竞争对手或者更有魅力的雄性个体能将其性状最大程度地遗传下去，而不致消失。在随后的季节里，如果雌性个体数量与雄性相当，那么无论雄性个体战斗力如何、魅力如何，都有机会留下后代。

# 多配性

多配性会产生与雌雄个体数目不等相似的结果。如果雄性个体可以与两个或更多个雌性个体交配，那么体格较弱或者魅力不足的雄性个体就找不到配偶。许多哺乳类动物及少数鸟类群体中都实行一雄多雌的多配性原则，低等动物中却很少有这种情况。或许是因为低等动物脑发育不完善，智力不足以让雄性个体守住多个雌性个体。由此可见，多配性与第二性征的发育之间存在联系。可以说，雄性个体的数量占有优势，性选择就会充分发挥作用。尽管如此，我们仍不能下绝对的定论，许多单配性动物，尤其是鸟类，第二性征也十分明显，但某些多配性动物的第二性征却不太明显。

我们先来谈谈哺乳动物，再来谈鸟类。

● 大猩猩群体实行多配性原则，雌雄存在较大性别差异。

● 狒狒生活的群体中，雌性数目大约是雄性数目的2倍。

● 生活在南美洲的 吼猴 在毛色、髭须、声带等方面都存在显著的性别差异，一只雄吼猴可能有2～3只雌性

配偶。

●雌雄卷尾猴也有性别差异，而且群体中雄性多于雌性，它们也属于多配性的物种。

多数反刍类动物是多配性的，它们的性别差异比其他哺乳动物更明显。

例如

●在拥有12只个体的南非羚羊群中，最多有一只成熟公羊。

●生活在亚洲的 高鼻羚羊 似乎是最猖狂的一雄多雌主义者。雄性高鼻羚羊会尽全力赶走竞争对手，然后把约100只母羊和小羊聚集在一起组成群体。这种羚羊的雌性个体无角，羊毛柔软，其他性状则与雄性个体差别不大。

●生活在马尔维纳斯群岛及美国西部诸州的野马都是多配性的，公马比母马体形更大，两者身体比例不同，其他方面差别不大。

厚皮动物的情况比较特殊。

**例如**

●生活在欧洲和印度的公野猪，獠牙更明显，一般过独居生活，繁殖季节除外。印度野猪在繁殖季节会同多个雌性个体交配。欧洲的野猪是否是这种情况还没有定论。

●印度大象与印度野猪情况类似，平时都是独居，但是交配季节雄性会主动接近雌性。大象群体中，一般只有一头雄性成年大象，其他较弱或较小的雄象会被赶出群体或死亡。雄象的象牙更加粗壮有力，体力、耐力都远超雌象。

就目前的知识而言，其他厚皮类动物的雌雄个体差异较小，甚至没有差异，它们都是单配性动物。

翼手类、贫齿类、食虫类和啮齿类中的物种通常都属于单配性动物，但啮齿类中的家鼠是个例外，一只雄鼠会和很多雌鼠生活在一起。贫齿类中的树懒会因性别不同而存在性状及肩部毛斑颜色的差异。翼手类的 蝙蝠 性别差异明显，公蝙蝠具有散发气味的腺体和肚囊，且体色较浅。啮齿类动物雌雄个体几乎没有差别，只是毛发的色泽稍有不同。

南非的雄狮是多配性的，有时也会同一只雌狮单独生活，但大多数情况下会同多只雌狮一起生活，有时甚至达到五只之多。在陆栖食肉类动物中，雄狮是唯一的多配性动物，其性征也十分明显。

海栖食肉类动物的情况则不相同。海豹科属于多配性动物，其性别差异明显。雄海豹经常占有多只雌海豹，有时甚至有二三十只雌海豹围绕在一只雄海豹周围。而海狗也是多只雌性围绕着一只雄性。

这里有一个有趣的现象：单配性动物或者小群体生活的动物，雌雄个体体形差别较小；多配性的群居动物，雄性个体体形比雌性个体大很多。

但也有例外，很多鸟类都是单配性的，雌雄个体差异却很大。

例如

● 南美的伞鸟科及许多其他鸟类都是雌雄差异显著，但我还没能准确得知它们到底是单配性还是多配性的。

● 有人认为性别差异明显的极乐鸟是多配性的，但缺乏证据。

● 鹑鸡类的性别差异如同极乐鸟和蜂鸟一样十分明显，该类下的许多种类都是多配性的，余下的则是严格的单配性动物。

● 孔雀和雉是多配性动物，性别差异显著。

● 珠鸡和山鹑是单配性动物，性别差异很不明显。

● 在松鸡族中，多配性的松鸡和黑松鸡性别差异显著，而单配性的红松鸡和雷鸟几乎看不出性别差异。

●在走禽类中，大鸨是多配性鸟类，性别差异明显，其他多数类别的性别差异均不明显。

●涉禽类中很少有雌雄个体存在差异，但流苏鹬却是这一类中的例外，因此有人认为流苏鹬是多配性鸟类。

由此可见，鸟类是否是多配性与性别差异关系很大。巴特利特先生在动物园工作，对鸟类很熟悉。我曾就角雉及鹑鸡是否多配的问题问过他，他说："从艳丽的羽毛可以判断，它们很可能是多配性动物。"

但需要引起注意的是，单一配偶性很容易在家养条件下丧失。

例如

●野鸭是严格的单配性动物，而家鸭则是高度多配性动物。

有人曾对我说，他家附近有一口大池塘，其中有一群半驯化的野鸭。看守人射杀了大量公野鸭，剩下的野鸭公母比例为1：7到1：8，但是母鸭几乎全部孵化出了不止一窝小鸭子。

●珍珠鸟是严格的单配性动物，但一只公珍珠鸟同两三只母珍珠鸟一起饲养时，母鸟都会成功地繁殖。

●自然条件下，金丝雀总是成双成对地活动，但是养鸟人把一只公金丝雀与四五只母金丝雀一起饲养时，母雀都能成功繁殖。

由此可见，野生的单配性物种很可能会因为生活条件的改变，而变成暂时或永久的多配性物种。

对于爬行类和鱼类，我们了解得比较少，无法明确它们的交配方式。但刺鱼可能是多配性动物，繁殖季节的雌雄刺鱼差异显著。

综上所述，我们可以就性选择导致第二性征发育的方式做出总结。在争夺雌性的竞争中，身强体壮、外表艳丽、可击败对手的雄性个体，与精力充沛、营养状况良好的雌性个体交配之后，后代会更具生长优势。相比之下，营养不良、身体羸弱的雌性个体只能与战斗力不足、缺乏魅力的雄性个体交配，其后代质量和数量必定不如前者。如果雄性个体能够保护雌性个体，并为其提供营养和食物，其后代的数量会较多，质量较好。精力充沛的配偶的后代数量多、质量好，显然是性选择发挥了作用。如果雄性数量多过雌性数量，这种优势会更加明显。其中雄性数量更多的情况包括暂时性、区域性、持久性等特殊条件，例如出生时期及成熟时期雌性个体大量死亡，或者环境改变等。这些也会导致多配性。

# 雌雄个体的变异程度

在整个动物界中，当物种的雌雄个体存在形态差异时，几乎总是雄性个体的改变更大。雌性个体一般会保持与该物种的幼年个体或同属其他物种的成年个体相似的外形，而雄性个体则为了更快地获得雌性个体的芳心，会尽其所能地展现自己的魅力，并不遗余力地进行战斗，然后将优良基因遗传给下一代。

众所周知，所有哺乳动物及鸟类的雄性个体都会对雌性个体展开热烈的追求。许多公鸟会在母鸟面前展现自己华丽的羽毛，做出夸张的表演，甚至发出奇怪的鸣叫。少数冷血动物的雄性个体在追求异性时也富有激情，如短吻鳄类和蛙类动物。在庞大的昆虫纲中，追求者也总是雄性。而蜘蛛类和甲壳类动物的雄性个体更活跃，也更容易见异思迁。雄性个体具有某些运动器官和感觉器官，而雌性个体则不具备或者不发达，这就导致雄性个体在追求异性过程中的主动性。

多数情况下，雌性个体在求偶过程中都比较被动。雌性个体往往表现得很腼腆，甚至会在一段时间内努力逃避雄性个体的追求。事实证明，虽然雌性个体在求偶中比较被动，但是最终会做出选择。有时，雌性个体选择的雄性可能并不是最魁梧有力的，但一定是它喜欢的。因此，雄性个体的外貌极其重要。

很多人可能会问，为什么在数量众多且繁杂的动物纲中，雄性动物在求偶方面都比雌性动物积极且热切？如果雄性个体和雌性个体彼此追求，可能不会带来什么好处，反而会导致精力的浪费。但雄性个体为什么总是主动的追求者？

低等且雌雄异体的水生动物长久占据着某一处地盘，精子在水中游动并与卵子结合。这些生物的精子和卵子在受精之前就被排出体外，结合之后并不需要营养和保护，但是卵子的数量远远少于精子，而且卵子的活动难度较大。这些水生动物的雄性个体在水中释放出精子，然后精子寻找卵子并与之结合，其后代也会保持这种习性。为了避免精子在水中长时间游动而找不到卵子，很多雄性个体会逐渐靠近雌性个体。其中一些低等动物的雌性个体一般固定不动，雄性个体则主动靠近，因此雄性个体是主动的追求者。

我们可以从中理解，为什么很多生物若干年来一直保持着雄性个体靠近并追求雌性个体的习性。很多时候，雄性个体都需要主动追求雌性个体，因此它们必须富有激情与活力。这类雄性个体交配更易成功，其性状也更易遗传。

通过长期研究家养动物，我们可以看出，雄性动物更容易发生变异，其第二性征的发展也更有优势。性选择和自然选择使雄性个体与雌性个体产生较大差异，但即使没有这两种选择作用，雌雄个体也会由于体质差异而具有不同的变异倾向。雌性个体在排卵、产卵过程中需要消耗大量有机物质，雄性个体则把大部分精力放在与同性竞争、寻求异性、吸引异性、散发气味等方面，但是这一过程一般只持续一段时间。在求偶季节，雄性个体需要消耗巨大能量，以使自己的优势更加突出，但雌性个体则没有这种变化。在人类群体中，甚至在低级的鳞翅类昆虫群体中，雄性个体体温都比雌性个体高。总体来看，雌雄个体在物质、精力上的消耗相差不大，但是其消耗方式和消耗速度却大不相同。

　　由于上述原因，雌雄个体在繁殖季节存在体质差异，即使它们的生活条件相同，也具有不同的变异倾向。如果这种变异毫无用处，就不会通过性选择和自然选择作用得以积累和强化。如果引起变异的原因持久存在，那么变异作用也会持久发生。按照遗传规律，这种变异先发生在哪一性别身上，就容易遗传给哪一性别个体。生活在美国南部和北部的鸟类羽毛颜色存在差异，南部鸟类的羽毛颜色更深，这可能由光线、气温等差异造成。另外，同一物种的雌雄个体对自然环境的反应也有所不同。

　　●同样生活在美国南部，雄性红翼棕鸟羽毛颜色比北方的雄性要深，而 北美红雀 则是雌性的差异更明显。

　　●雌性欧洲山鹬羽毛颜色极易变异，但是雄性几乎不发生变异。

　　其他许多纲下的动物变异也出现了例外，即雌性个体的第二性征变化明显，比如，艳丽的色彩、较大的体形、强壮的体力、较强的好斗性。有些鸟类的雌雄性状完全与常态相反，比如有些雌鸟在求偶时更积极、热切，雄鸟则比较被动。从求偶结果来看，雄鸟仍然倾向选择魅力更大的雌鸟。在这种情况下，雌鸟获得了更鲜艳的色彩，因此其力量和好斗性都更强，而这些性状只遗传给雌性。

我们可以这样理解，一些动物在一些场合中进行了双重选择：雄性个体选择魅力较大的雌性个体，雌性个体同样选择更有魅力的雄性个体。这一过程会导致雌雄个体都发生改变，但不会导致它们之间的显著差异。许多动物的雌雄个体在外形上相差无异，外表、形象等几乎相同，我们可以把它归为性选择的结果。

鉴于这种情况，我们可以提出以下假设：

存在一种双重或交互的性选择过程，精力充沛、较早成熟的雌性个体选择体格健壮、魅力更大的雄性个体，雄性个体反过来也会选择具备这些特点的雌性个体，并拒绝接受其他雌性个体。

然而，事实证明，这一假设几乎不存在，因为雄性个体热衷于同任何雌性个体交配。如果雌雄个体的外表类似，那么可能是某一性别先获得这种性状——一般是雄性个体，然后遗传给两性后代。在一段时间内，如果某一物种的雄性个体数量远远超过雌性，条件改变之后，又导致雄性个体数量远远小于雌性个体，那么双重的性选择过程就有可能发生，从而导致雌雄个体的差异不明显。

大自然中有很多动物，其雌雄个体都没有艳丽的颜色，也没有独特的装饰，通过性选择作用，其中一方或双方会获得白色或黑色那样简单的颜色。这些动物可能从未经历变异，也可能这种简单颜色对它们的生存有利。简单的颜色通常是自然选择的作用，主要用于自我保护，而艳丽的颜色多通过性选择发生作用，这种特性有时会带来致命的危险。在漫长的岁月中，雄性个体可能为了争夺雌性个体而进行争斗，如果在争斗中获胜的雄性个体能留下更多后代，那么性选择的作用就比较明显，否则就看不出效果。如上所述，性选择具有偶然性，受很多因素影响。

相比自然选择，性选择的作用方式更加温和。在自然选择作用下，动物个体无论年龄和性别，都严格遵循适者生存、不适者淘汰的规律。雄性个体在竞争中死亡的例子比比皆是，竞争中失败的雄性个体一般得不到与之交配的雌性个体，或者在交配季节即将结束时得到发育迟缓的异性伴侣。

对于多配性的失败雄性个体，与之交配的雌性个体相对较少，因此后代质量不佳且数量较少，甚至会慢慢断绝后代。如果生活条件没有大的变动，通过自然选择得到的特殊用途的变异会有一个限度，但是在争夺配偶过程中胜出个体遗传的变异则没有明确的限度。因此，只要存在变异，性选择的作用就一直存在。或许这能解释为何第二性征会如此频繁地变异，为何变异量如此巨大。尽管如此，如果这种变异会过度消耗雄性个体的生命力，或者会让动物个体面临更大的危险，那么自然选择就会发挥更大的作用。一些动物的某些性状会越来越明显，甚至达到极端，比如某些公鹿的角，但有时候危险也会随之而来。由此看来，在求偶争斗中获胜并留下大量精壮后代，对于某些雄性动物来说比适应环境更重要，从中的获益更多。

# Chapter 2

昆虫的第二性征

在庞大的昆虫纲动物中，雌雄个体差异有时表现在运动器官上，但更多表现在感觉器官上，例如许多物种的雄虫都具有栉状触角和美丽的羽状触角。

但我们重点讨论的结构不是这些，而是使雄虫在战斗、求偶中取胜或使其更具好斗性、体力更强壮的那些构造。鉴于此，很多雄虫用于抱握雌虫的构造我们就略而不谈了，但是其腹侧的复杂构造不容忽视，它们通常被列为初级器官。昆虫的颚有时也用于抱握。

例如

●与蜻蜓亲缘关系较近的具角鱼蛉的雄虫具有大而弯曲的颚，其长度是雌虫的好几倍。由于雄虫的颚比较平滑，能有效避免在抱握雌虫时使其受伤。

●北美洲有一种大锹甲虫，雄虫的颚远远大于雌虫的，其不仅有利于两性的亲密接触，还可用于同性之间的战斗。

●泥蜂雌雄个体的颚十分相似，但是用途大为不同。雄蜂非常热情，用其镰刀状的颚绕住配偶的颈部并与之交配；雌蜂则用该器官在沙坝上打洞筑巢。

许多雄甲虫前肢跗节膨大或具有宽的毛垫，其中很多水生种类还具有扁圆的吸盘，雄虫可以借此吸附在雌虫湿滑的躯体上。

例如

●有些水生甲虫，如龙虱属甲虫的雌虫，具有刻着深槽的鞘翅，而条纹龙虱雌虫的鞘翅上则披着厚厚一层毛，这些都利于雌雄个体的抱握与交配。

●雄性 细腰蜂 胫节膨大成宽阔的角质板，其上布满了微小的膜质点，使它呈现粗筛状的独特外形。

●霉蛰属甲虫的雄虫触角中部有几节膨大，而膨大部分的下表面有毛垫，同步行虫科跗节的膨大部分完全一样。

●雄蜻蜓尾巴尖端的跗器形状奇特、多种多样，这使它们能够抱握雌蜻蜓的颈部。

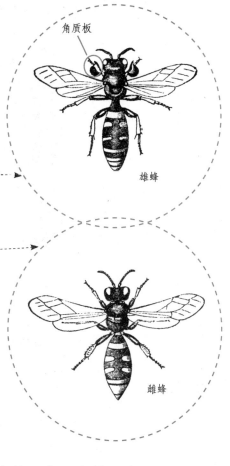

角质板

雄蜂

雌蜂

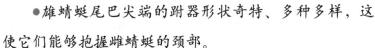

许多雄性昆虫的肢都具有特殊的刺、节或距，有些则整个肢弯成弓状或变粗，还有些昆虫是一对肢变长，或三对肢都变长，有时变长的程度让人瞠目结舌。

在所有昆虫中，许多物种的雌雄两性都存在差异。这里有一个奇妙的例子，如图所示，雄性潜叶吉丁左上颚变得非常大，因而口器大大歪斜。

雄虫　　　　　潜叶吉丁　　　　　雌虫

　　鳞翅目中也有很多这样的例子，其中最特别的是，某些种类的雄蝶前肢多少有些萎缩，其胫节和跗节缩小成刚能用肉眼观察到的小瘤。但大多数雌雄两性的区别通常在翅的脉序上，有时轮廓也有较大差异。

　　●某些南美洲的雄蝴蝶在翅膀边缘长有毛簇，后一对翅的中间部分有角质赘疣。
　　●很多英国蝴蝶品种中，只有雄性才部分地披有特殊鳞片。

　　关于雌性萤火虫为什么发光这一问题，有很多讨论与见解。事实上，雄虫及幼虫也会发光，只是所发的光较微弱。一些人猜测萤火虫发光是为了恐吓、驱赶敌人，还有一些人认为发光的目的是吸引异性。试验表明，萤科昆虫深受食虫的哺乳类和鸟类动物讨厌。许多昆虫模仿萤科昆虫是为了混淆视听，从而免于食虫动物的捕食。发光物体会传递出一种信号，即发光就不美味，而且可以使其立刻就被认出是不可口的。根据这个观点，我们可以进一步解释弹尾目昆虫的雌雄个体都会发出明亮光线的原因，即自我保护。萤火虫雌虫的形态与幼虫类似，翅膀高度不发达，无法飞行，而幼虫是许多动物的捕食对象，为了保护自我和后代，雌虫和幼虫都会发光，且雌虫发出的光远远强于雄虫。

# 雌雄个体的大小差异

大部分种类的昆虫都是雄性个体体形小于雌性个体，这种差异在幼虫时期就已经表现出来。家蚕的雄性茧和雌性茧差异显著，因此法国人用一种特殊的称重方法将两性区分开。在动物界的低等动物中，雌性个体比雄性个体体形更大，是因为雌性个体需要孕育大量的卵，昆虫在某种程度上也是如此。

对此，华莱士博士提出了一个可能性更大的解释。他仔细观察了臭椿蚕和天蚕幼虫的发

阿尔弗雷德·华莱士（1823—1913），英国博物学家，与达尔文几乎同时提出了自然选择学说。代表作品有《马来群岛》等。

育，发现蚕蛾个体越小，其变态所需的时间越长。而对于雌雄两性来说，雌蛾因为要产大量的卵，所以比雄蛾体形大、质量大。体形较小、易于成熟的雄蛾将先于雌蛾孵化。

蚕和蚕茧

大多数昆虫寿命较短，且面临很多危险，因此雌性越早受精越好。如果大批雄蛾先行成熟并随时等候雌蛾的出现，雌蛾就能尽早完成受精。正如华莱士先生所说，这也是自然选择的结果。体形较小的雄虫先成熟，就会繁殖出大量继承其性状的小体形后代；而体形较大的雄虫因成熟较晚，交配机会少，导致后代数量较少。

然而，也有一些昆虫是雄虫体形更大。在占有雌虫的争斗中，体大力强对雄虫而言可能是一种有利条件。

●锹甲虫的雄虫就大于雌虫。

还有一些昆虫，雄虫在体形上也超过雌虫，但是雄虫的大体形并不是为了争夺雌虫。

●独角仙和分支独角仙体形巨大，寿命相对较长，有充足的时间进行交配，因此雄虫没有必要为了先于雌虫成熟而小于雌虫。

●雄蜻蜓一般不会小于雌蜻蜓，有时甚至明显大于雌蜻蜓。雄蜻蜓要用一周或两周的时间呈现它们特殊的雄性色彩，然后才会同雌蜻蜓交配。

具有螫刺的膜翅目昆虫的雌雄两性，体形差异虽然并不明显，但是受很多复杂而容易被忽略的因素影响。在这一巨大类群中，一般情况下，雄虫都小于雌虫，而且其羽化早雌虫一周左右。但意大利蜜蜂、长袖切叶蜂和毛花蜂的雄虫，以及掘土蜂类中艳蚁蜂的雄虫，体形都大于雌虫。对这种异常现象，我们可做如下解释：飞行交配对这些物种是绝对必要的，而雄虫为了在空中携带雌虫就需要更多的体力和更大的体形。雄虫虽比雌虫大，但比雌虫先羽化。

# 缨尾目

缨尾目 的昆虫相对而言比较低等，其成员都是无翅、颜色暗淡、体形微小的种类，具有丑陋甚至畸形的头和躯体。它们的雌雄两性并无区别。吸引我们的是，即使如此低等，其雄虫也会孜孜不倦地向雌虫求爱。

看这些小动物（黄圆跳虫）在一起"卖弄风骚"是件趣事。雄虫比雌虫小得多，它绕着雌虫跑，彼此顶撞，迎面而立，时退时进，活像两只相戏的羊羔。然后，雌虫假装跑开，雄虫则愤怒地在后面追，样子十分滑稽。最后，雄虫会堵在雌虫前面，迫使它们又一次迎面而立。雌虫这时还想羞怯地转身避开，雄虫却比雌虫跑得更快而且更活跃，前后左右追随，并用触角与雌虫互动。过了一会儿，它们又迎面对立，用触角相戏，一切问题就都解决了。

# 双翅目（蝇类）

一般而言，该目种类的雌雄个体之间的颜色差别很小。据知，雌雄个体间颜色差异最大的为毛蝇属，雄蝇身上带有黑色或为全黑色，雌蝇则是暗褐橙色。

华莱士先生在新几内亚发现的角蝇属十分引人注目，因为该品种雄蝇有角，而雌蝇却没有。它们的角长在眼睛顶端靠下的位置，外表同雄鹿的角很相似，不是叉状就是掌状。其中有一个物种的角与躯体的长度相等。有人认为这种角是用来战斗的。还有一个物种的角呈美丽的淡红色，具有黑色镶边，并有一道淡色的中央条纹。该物种外表优雅、漂亮，我们可以猜测这种外在特性应该用于吸引异性。

有些双翅目的雄蝇个体会相互争斗，还有些会通过发出特殊的声音赢得雌性个体的芳心。几只雄性蜂蝇会同时追求一只雌性蜂蝇：它们在雌性蜂蝇上方飞舞盘旋，或者在身边飞来飞去，同时发出嗡嗡的声响。蚋科和蚊科似乎也靠发出嗡嗡声互相吸引。

迈耶教授已证实，进入蚋科雌虫发出的声音范围，雄虫触角上的毛就会振动，且与音叉的音调一致。长毛的振动同低音调共鸣，短毛的振动同高音调共鸣。人们曾反复制造某种特殊音调，结果招来了一整群蚋。

# 半翅目（蝽象类）

道格拉斯先生对英国物种做过特别研究，他热心地提供了一份有关 蝽象类 雌雄差异的报告给我。有些物种的雄性有翅，而雌性无翅，且两者在躯体、鞘翅、触角和跗节的形态上都有差异。另外，雌性个体一般都比雄性个体更大、更强壮。

研究英国的物种以及道格拉斯先生所知道的外来物种可知，蝽象类雌雄两性在颜色上通常并无多大差异。但是，约有6个英国物种的雄性个体比雌性个体颜色暗很多，另外还有4个物种是雌性个体的颜色暗于雄性个体。有些种类的雌雄两性都有美丽的颜色，但是这些昆虫却散发出一种令人作呕的气味，所以其艳丽的颜色也许就是对食虫动物发出的一种"不好吃"的信号。在少数情况下，它们也会发展出保护色。有一种淡红色和绿色兼有的小型物种经常群集在菩提树上，它们的颜色让人很难把它们同树干上的芽区别开。

猎蝽类的某些物种能摩擦发声，据说这是由它们的颈在前胸腔内运动而来的。对于非社会性的昆虫来说，发声只是呼唤异性的一种方式，除此之外并无用处。

# 同翅目

任何去过热带丛林的人一定都会对雄蝉发出聒噪声、雌蝉沉默不语而感到惊奇。当"小猎犬"号在离巴西海岸460米的地方停留时，人们在甲板上就能清楚地听到蝉鸣。汉考克船长说，远在离岸1600米以外的地方就能听到这种噪声。

又译"贝格尔"号，英国海军考察船。1831年，达尔文以博物学家的身份，随船对南半球进行了科学考察，并将此次经历写成一本叫作《"小猎犬"号科学考察记》的书。这次考察对达尔文后来的研究意义深远，为他的自然选择学说奠定了坚实的基础。

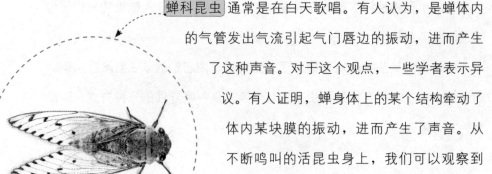

蝉科昆虫 通常是在白天歌唱。有人认为，是蝉体内的气管发出气流引起气门唇边的振动，进而产生了这种声音。对于这个观点，一些学者表示异议。有人证明，蝉身体上的某个结构牵动了体内某块膜的振动，进而产生了声音。从不断鸣叫的活昆虫身上，我们可以观察到这片膜在振动。如果用针尖拨动死昆虫身上那块稍微变干、变硬的结构，我们也能听到声响。雌虫身上也有一样的器官，但远不如雄虫的发达，而且并不用于发声。

蝉为什么会发出这种声音？

哈特曼博士提到美国的周期蝉时说道："现在（1851年6月6日和7日），四周充满蝉鸣。我相信这是雄蝉对雌蝉发出的召唤。我站在与我齐高的栗树丛中。此时正值栗树生出嫩芽，我能看到成百上千只雄蝉在我周围。雌蝉正纷纷飞来，围绕在雄蝉身边。"

他还说："我的花园里有一株矮生梨树，每逢这个季节（8月），树上就会有50只左右梨蝉的幼虫。我好几次观察到，雄蝉发出响亮的叫声，不一会儿就有雌蝉飞过来并落在附近。"

弗里茨·米勒在巴西南部写信告诉我，他常听到两三只雄蝉用特别响亮的声调进行音乐比赛。其中一只刚唱完，另一只马上开始，第三只又紧接着第二只。雄蝉之间竞争激烈，歌声此起彼伏。雌蝉不仅能借助声音找到雄蝉，而且也会像母鸡那样，选择歌声最动听的雄蝉，并与之交配。

# 直翅目

隶属该目的昆虫中，有三个科（蟋蟀科、螽斯科和蝗科）擅长跳跃，其中雄性个体还擅长发出声响。所有观察到这一现象的人都认为，这种行为用于召唤或吸引雌性个体。

例如

●螽斯科某些昆虫会在夜间发出响亮的声音，甚至能传播到1600米以外。

●直翅目某些物种的叫声让人觉得悦耳动听，因此亚马孙河一带的印第安人会把这些昆虫养在柳条编成的笼子里。

●如果一只雄性飞蝗正与雌性飞蝗交配，另外一只雄虫靠近，就会激怒这只雄性飞蝗，并发出激烈的叫声。

●蟋蟀在夜间受到惊扰时，就会用叫声来警告伙伴。

谈到欧洲田蟋蟀时，贝茨先生说："每到傍晚时分，雄性蟋蟀就会在洞口叫。如果雌性蟋蟀来到洞口，那么雄性的叫声就会由高音转为低音，同时还会用触角抚摸吸引而来的雌性。"

●来自北美的螽斯科中的雄性穴居扁叶螽会爬到树枝顶端，一到傍晚就开始发出嘈杂的叫声。然后，其他同性个体也会在周围的树上开始叫，彼此遥相呼应，整个树林里充斥着这种此起彼伏的叫声。

斯卡德博士做过一个实验，他将一支羽毛的茎用纸夹住后摩擦发声，结果周围的某只雄性穴居扁叶螽立刻发出叫声回应他。

硬翅脉上的光滑凸起

齿

上述三个科的发声方法各不相同。蟋蟀科雄性个体的两个鞘翅具有一个相同的器官。田蟋蟀的 发声器官 是由131～138个锐利的、横向的齿（脊）构成。这些齿位于鞘翅的翅脉下表面。发声时，这种具齿的翅脉和相对的翅膀表面的硬翅脉迅速摩擦——摩擦时一只翅膀在上，另一只在下。如果两只翅膀同时抬高，那么共鸣的效果就会更明显。

蟋蟀科的另一个物种——家蟋蟀的翅脉下表面有 齿 。这种齿是性选择作用的结果，由覆盖于翅和躯体的小鳞片和毛形成。鞘翅目昆虫的齿，也经历了类似的进化过程。

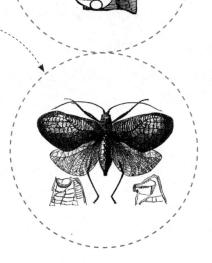

螽斯科昆虫的 两个鞘翅* 在结构上有所不同，因此不能像蟋蟀那样交替进行翅膀的摩擦。它们的右翅如同小提琴，左翅则像拉小提琴的琴弓。左翅下面的某一个翅脉上有细齿，会与右翅上凸起的翅脉摩擦。

例如

●生活在英国的普通绿螽斯的锯齿状翅脉会与另一只翅膀上的圆形后角摩擦。被摩擦的翅膀呈褐色，边缘很厚，且很锋利。这一物种的右翅上有一块云母般的透明小板，被翅脉包围，共同构成响板。

●葡萄隐螽则发生了轻微的改变，其鞘翅大面积缩小，前胸后侧隆起，高度超出鞘翅，并呈圆屋顶状。这一改变是为了增强声效。

蟋蟀科的两个鞘翅构造相同，功能一样。通过比较可以发现，螽斯科的发声器官更加分化，功能更加具体。黑螽斯属昆虫右鞘翅底面有一排短且窄的小齿，仅能看出残留状态。其右翅要低于左翅，但是并不发挥琴弓的作用。通过观察普通的绿螽斯，我发现其右鞘翅下面也有同样的结构残留。由此可以得出结论，螽斯科与蟋蟀科具有一定亲缘关系，因为蟋蟀科的鞘翅下面都有锯齿状翅脉，且可用作琴弓。而经过分化与完善，螽斯科的鞘翅更加发达，分工明确，一个发挥小提琴的作用，一个发挥琴弓的作用。

蟋蟀科昆虫的发声器官比较简单，但是其经历了怎样的进化，我猜测了可能的情况：

过去，蟋蟀科的两张鞘翅如现在般彼此重叠，翅脉摩擦可发出类似嘎嘎的声响，与现如今雌虫发出的声响差不多。雄虫偶尔会发出这种声音，引起雌虫的注意。如果这种声音能够有效吸引异性，那么这种性状就会通过性选择作用得到强化。

草蝗的脊

脊上的齿

蝗科昆虫的摩擦发声方式和上述两种昆虫不同，叫声也比前两种微弱。其腿节内表面有一列纵向排列、包含85～93个齿的 弹性脊 ，其上每颗齿都如细小的针尖。这些齿状物在鞘翅锐利且凸出的翅脉上摩擦，鞘翅随之振动并发出声响。雄性蝗虫开始鸣叫时，会把后腿的胫节弯到腿节之下，并且搭在沟状结构之中，然后快速地上下移动。两条腿的动作不是同时进行，而是交替进行。该科的许多物种的腹部都有凹陷，形成空腔，用作共鸣板。

例如

●生活在南非的 牛蝗 发生了明显的变异：雄虫腹部两侧各有一道脊，能与后腿节摩擦。该种昆虫的雄虫有翅，雌虫却没有，但是雄虫的腿节并不与鞘翅摩擦，这可能是因为后肢短小。我没有真正查看其腿节内表面的构造，但是可以推测出该构造含有细齿。牛蝗在摩擦发声方面发生了变异，这种变异比其他任何直翅类昆虫都明显。牛蝗雄虫体内充满空气，身体膨胀，这种构造能增强共鸣的效果。好望角地区的这种昆虫每到夜间就会发出嘈杂且令人惊讶的叫声。

雄虫

雌虫

上述三个科的昆虫中，雌性个体的发声器官相对发育较差，但也存在例外。葡萄隐蟊的雌雄个体都有发声器官，只是存在不同程度的差异。这一性征应该是由雌雄双方独立发展的，而不像其他物种那样由雄性传给雌性。双方在求偶季节会召唤彼此。蟊斯科中除了黑蟊斯属以外，其他种类的雌性只具有摩擦发声器官的痕迹，所以这种性状主要由雄性个体进行传递。而且，雌性蟋蟀的鞘翅底面和雌性蝗虫腿节上也有类似残存痕迹。在同翅目中，雌性个体也有发声器官，只是已经丧失了作用。在庞大的动物界中，有很多物种的雄性个体特有的结构会以残迹的形式出现在雌性个体身上。

从目前已经列举出的事实可以看出，雄性直翅目昆虫的发声手段多种多样，并且有异于同翅目的发声方式。纵观整个动物界，为了达到发声的目的，很多物种会采取特殊手段。在整个发展历程中，动物群体会经历不同的变异，不同的变异又会产生不同的效果，总有某种效果对个体发展有利。直翅目三个科的昆虫和同翅目昆虫的发声方式不尽相同，但是对于雄虫召唤配偶、吸引雌虫而言却同样重要。亿万年来，直翅目昆虫有足够长的时间变异演化，因此结果多种多样。

新不伦瑞克地区于泥盆纪时期形成的地层中发现了一块昆虫化石。该种昆虫具有雄性螽斯科动物标志性的摩擦发声器官。从很多方面来看，这种昆虫与脉翅目、直翅目存在某种亲缘关系，能把这两目昆虫的起源联系起来。

在这里，我还要再谈论一些有关直翅目昆虫的内容。该目下的一些物种十分好斗。

●两只雄性田蟋蟀被关在一起，它们就会彼此相斗，直到一方死亡。

●螳螂属的一些物种总是挑衅地挥舞着前肢战斗，如同骑兵在战场上挥舞马刀一样。

有些蝗虫颜色鲜艳，后翅上有红色、黄色或黑色斑点。就整个目而言，大部分种类的雌雄个体的颜色差异很小，所以这一性状不是由性选择所致。鲜艳的颜色可能是一种保护手段，提醒其他动物自己并不可口。

曾有人做过实验，拿一只色彩明亮的印度蝗虫喂食鸟类和蜥蜴，但这两种动物都拒绝食用。

该目中也有一些种类的雌雄个体在体色上存在差异。

●某种美国蟋蟀雄虫如同象牙般白，但雌虫的颜色却多种多样，从白色到微黑之间的颜色都有。

●某种成年雄性竹节虫科的昆虫呈发亮的黄褐色，成年雌虫则呈暗淡无光的灰褐色，幼虫无论雌雄都是绿色。

●有种蟋蟀有着特异的性征，雄虫具有较长的膜质附器，正好将其面部覆盖。

# 鞘翅目（甲虫）

　　许多甲虫的颜色与它们生活的地表颜色接近，从而避免被天敌发现。也有一些物种不是这样，如南美亮壳甲虫就拥有美丽的颜色，上面还配有条纹、斑点、十字花纹以及其他优雅的装饰纹。对于某些食花种类而言，这类颜色能直接发挥保护作用。与萤火虫发光的原理类似，这类颜色也可能起到警示或识别作用。由于甲虫雌雄两性的颜色一般相似，所以我们无法证明这种颜色是通过性选择获得的。这种颜色如果先在某一性别个体中发育，然后传递给另一性别，那么也可能通过性选择获得，但这种理论更适用于第二性征显著的群体。

　　●某些锯天牛科甲虫体形较大，颜色鲜艳，且雌雄虫差异显著。雄虫的颜色一般更暗，雌虫或多或少具有美丽的金绿色。但其中一个种类是雄虫为金绿色，而雌虫则具有鲜艳的紫、红二色。

　　●在斑蛾属中，雌雄虫的颜色差别很大，甚至曾被列为不同的物种。其中一个种类的雌雄虫都具有美丽的鲜绿色，但雄虫的胸部是红色的。

总之，按照我的判断，雌雄颜色不同的锯天牛类，其雌虫颜色要比雄虫的更艳丽，这一点与经过性选择获得颜色区别的普遍规律是不一样的。

　　许多甲虫雌雄之间最明显的一个区别就是雄虫头部、胸部和口基等处会长出巨角，少数情况下，躯体底面会长出角。在庞大的鳃角组中，它们的角同公鹿、犀牛等各种四足兽相似，不论大小还是形状都令人吃惊，具体可见下图。

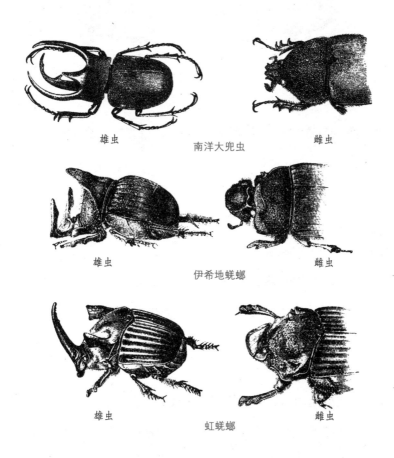

雄虫　　　　南洋大兜虫　　　　雌虫

雄虫　　　　伊希地蜣螂　　　　雌虫

雄虫　　　　虹蜣螂　　　　雌虫

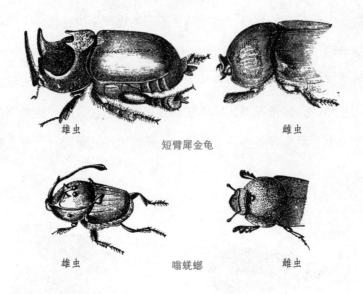

雄虫　　　　　　　　　　　　　雌虫

短臂犀金龟

雄虫　　　　　嗡蜣螂　　　　　雌虫

雌虫有角的残迹，一般只剩小瘤或隆起，有些甚至没有任何痕迹。但也有些例外。

●食腐虹蜣螂雌虫的角几乎同雄虫一样发达。该属以及蜣螂属的另外一些物种，雌虫的角虽然也有发育，但比雄虫的稍差。

鞘翅目甲虫的角因为自身的极端变异性而闻名于世，并且不同的角形成了一个逐级递减的系列。这个系列中的雄虫从高度发达的角到已经退化的角都有，其中也包括与雌虫的角区别并不明显的类型。

例如

●在虹蜣螂中，有些雄虫的角长是其他雄虫的3倍。

●曾有人研究过100多只嗡蜣螂雄虫，认为该物种的角没有发生过变异，但是进一步研究证明事实正好相反。

某些种类的角异常大，某些近亲类型的角在构造上存在巨大差异，这些都表明角的形成有某种特殊目的。某些种类雄虫的角发生了极端的变异，我推断，这种变异并不具有明确的目的性。雄虫的角一般比雌虫的变化得更多，虽然其用角抵御敌害的机会更多，但是这些角比较钝，也没有摩擦的痕迹，因此并不用于防御。很多人猜测雄虫用角进行争斗来赢得雌性青睐，但是实际上并不存在这种争斗。有人曾详细检查了众多种类的甲虫，没能从它们残缺或破碎的躯体中找到任何证据来证明角曾用于争斗。如果雄虫惯于争斗，那么它们的躯体就会通过性选择而增大，以至超过雌虫。有人对比了金龟子科的100多个物种的雌雄个体，却没有在发育良好的个体中找到任何这方面的显著差异。此外，无翅大头粪金龟的雄虫虽相互斗，但它们没有角。该种类雌雄虫的区别是，雄虫的上颚要比雌虫的大得多。

有一种说法是，甲虫的角的作用只是装饰，并没有实际作用，因为这类角虽已发展到如此巨大的地步，却还没有固定下来。这一点可以从同一物种中角的极端变异性，以及在亲缘密切的物种中角的多样性中看出来。乍一看，这种观点可能站不住脚，但是我们会在更高等的动物中找到证据，像鱼类、两栖类、爬行类和鸟类中都有长着各种各样的脊突、瘤状物、角和肉冠的种类，其作用都是装饰。

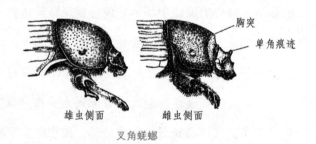

叉角蜣螂 雄虫 以及本属一些其他种类的雄虫，前肢节上都具有奇特的凸起，胸部底面生有一只或一对大型叉角。根据我从其他昆虫中得到的结论判断，这种构造可能有助于雄虫紧紧抱住雌虫。雄虫的躯体上部表面没有角的痕迹，但雌虫头上却有明显的单角痕迹，胸部还有一个胸突。虽然雄虫没有凸起，但雌虫这种微小的胸突显然是角的残迹。

胸突
单角痕迹

雄虫侧面　　雌虫侧面

叉角蜣螂

例如

●雌性牛头大黑蜣螂的胸部具有一个小凸起，而雄虫却在同一部位长着一个大凸起。

因此，我们可以断定，雌性叉角蜣螂头上的那个小点，以及两三个亲缘相近的雌性物种头上的小点，都是头角的一种残迹。许多鳃角组甲虫的雄性个体都有这种残迹，虹蜣螂就是如此。

以前的观点认为，这种残迹是自然选择的结果。据此，我们可以猜测，最初是雄虫生角，角逐渐退化只剩残迹，然后又传递给了雌虫。多数鳃角组甲虫都是这种情况。失去角之后，雄虫躯体底面又长出了巨大的角或凸起，这可能是由补偿原理引起的。由于只有雄虫躯体底面发生了变化，因此雌虫头上的角不会完全消失。

迄今为止，我们所举的例子都是关于鳃角组甲虫的，象虫科和隐翅虫科也都有角——前者的角在躯体的底面，后者的角则生于头部和胸部的上面。在隐翅虫科中，同一物种的雄虫，有的头上的凸起小，有的就比较大，这与鳃角组甲虫相似。扁甲属中有个体存在二态现象，即其雄虫在躯体大小及角的发达等方面都有巨大差异，因此可分成两组，但是不存在级进。有人在研究了 隐翅虫科的一个物种 后认为，在同一地方能够找到的雄虫标本中，有的个体胸部中央角很大，但头角完全处于残迹状态；有的胸角则非常短，但头部凸起却很长。这是一个明显的补偿例子，雄叉角蜣螂失去头角也属于这种情况。

雄虫

雌虫

# 战斗法则

有些雄甲虫似乎并不擅长战斗，然而为了占有异性个体，它们照样被卷入战斗之中。

华莱士先生曾见过两只喙很长的线状甲虫为一只雌虫战斗，但雌虫并不理会，只是在一旁钻孔。两只雄虫用上颚咬对方，用前肢抓对方，愤怒地打来打去，发出砰砰的声音。较小的那只雄虫最后承认了自己的失败，快速地跑开了。

只有少数上颚比雌甲虫大且具有刻齿的雄虫，是为了适应战斗需求才逐渐演化成这个样子的。

●鹿角锹甲虫的雄虫比雌虫约早一周从蛹中羽化，因而多只雄虫共同追逐一只雌虫的情况随处可见。

戴维斯先生把两只鹿角锹甲虫的雄虫和一只雌虫关在一个盒子里，大的雄虫用上颚猛烈攻击小的雄虫，直至小的雄虫完全放弃战斗。

我有一位朋友的孩子经常把鹿角锹甲虫的雄虫放到

一起看它们相斗。据他观察，鹿角锹甲虫就像高等动物一样，雄虫比雌虫勇敢、凶猛。如果捏住雄虫的前部，它们就会咬住他的手指头不放。雌虫虽有更强大的上颚，却不会有这样的反应。

●锹甲科的许多种类的雄虫都大于雌虫，而且更有力量。

●大头蜣螂的雌雄虫同住一穴，雄虫的上颚大于雌虫。如果陌生雄虫在繁殖季节企图闯入洞穴，就会受到袭击。雌虫主动堵住洞口，并不断地在伴侣身后推动对方积极应战。这场战斗将一直持续到入侵者被杀死或逃走。

●皱疤金龟子成双成对地生活在一起，彼此非常依恋。雄虫鼓励雌虫滚动粪球，并在其中产卵。如果雌虫随着粪球被移走，雄虫就会变得焦躁不安；如果雄虫随着粪球被移走，雌虫就会停止一切工作，一动不动地，直到死去。


锹甲科雄虫的巨大上颚在大小和构造两方面都极易改变，这与许多鳃角组和隐翅虫科雄虫的头角和胸角情况类似。根据其不同的进化程度，个体也可以从终级到初级形成递减式的差异。普通锹形虫及其他许多物种的上颚虽然是战斗的有效武器，但其真正用途我们尚不明确。我们已明确知道，北美洲的大锹甲用上颚抱握雌虫。但其上颚过大、过长，且有分支，因此并不十分适合抱握。我认为，它们的上颚可能像上述物种的头角和胸角一样，还有装饰作用。

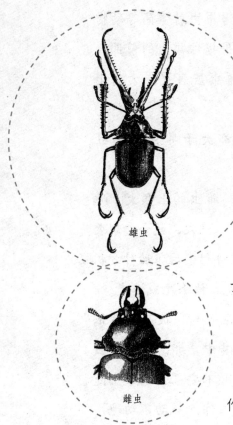

雄虫

雌虫

例如

• 智利长牙锹甲虫 的雄虫具有异常发达的上颚。这种动物勇猛而好斗，遇到威胁时，它就转过身来，张开巨颚，同时通过摩擦发出响亮的声音。但其上颚力量有限，我的手指被咬住也感觉不到明显的疼痛。

由此看来，性选择对鳃角组甲虫发挥的作用似乎比对其他科的甲虫更加明显。有些种类的雄虫具有战斗的武器；有些种类成对生活，彼此表现出爱情；一些种类受到刺激时会摩擦发声；一些种类具有异常大的角，显然是作为装饰之用；一些种类具有昼间活动的习性，颜色十分华丽。世界上最大的几种甲虫都属这一科，林奈 和 法布尔 都把这一科排在鞘翅目之首。

卡尔·冯·林奈（1707—1778），瑞典生物学家，动植物双名命名法的创立者。代表作有《自然系统》《植物属志》《植物种志》。

让-亨利·法布尔（1823—1915），法国博物学家，以观察昆虫生活史著称，但也研究真菌等各种生物。代表作有《昆虫记》《橄榄树上的伞菌》《葡萄根瘤蚜》等。

# 摩擦发声器

许多科的甲虫外表差异明显，但都具有摩擦发声器。它们发出的声音有时可以传到几米外，但这种声音无法与直翅目发出的声音相比。鞘翅目音锉的构造一般是一个稍微鼓起的窄表面，上面横亘着很细的平行肋状凸起。这种凸起有时很细，显微镜下可以观察到漂亮的红色。巨粪金龟属的整个音锉周围表面布满了硬毛状或鳞片状微小凸起，几乎排列为平行线，并逐渐演变成肋状凸起。这些凸起的演变过程可能是那些微小凸起汇集成一条直线，并变得更凸出和平滑。躯体与凸起邻接部位上有一条硬脊，可作为音锉的刮具，但有些时候刮具会发生特殊改变。刮具会迅速地刮过音锉，或者被音锉擦过而发声。

不同鞘翅目昆虫的摩擦发声器处于身体的不同位置。

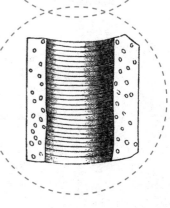

● 埋葬虫 有两片平行的音锉，位于第五腹节背面。每片 音锉 由126～140条细肋状凸起构成。这些肋状凸起同鞘翅的后缘互相刮拨。

●许多负泥虫科甲虫、四星锯角叶甲虫以及拟步行虫科的某些甲虫的音锉，都位于腹部的背端，即臀板或前臀板之上。它们也是鞘翅与音锉相配合进行发声。

●其他科的异角类昆虫，其音锉位于第一腹节的两侧。它们用腿节上的隆起线与音锉配合发声。

●某些象虫科和步行虫科的发声部位与上述情况相反，其音锉位于鞘翅的下表面，接近翅尖或沿着翅的外缘，而腹节的边缘则用作刮具。

●龙虱科的一个种类有一条坚固的隆起线，靠近鞘翅接合缝的边缘并与之平行，中间粗、两端细的肋状凸起横在上面。如果在水中或空中抓住这种昆虫，它就用腹部的边缘刮拨音锉，发出唧唧声。

●长角甲虫的音锉多位于中胸，然后同前胸互相摩擦。其中，英雄天牛共有238条很细的肋状凸起。

许多鳃角组昆虫都有摩擦发声能力，但发声器官的位置大不相同，因此发出的声音也千差万别。有些物种发出的声调很高。

例如

●有人曾捉到一只谷象虫，站在他旁边的猎人还以为他捉了一只老鼠，但我没有发现这种甲虫特有的发声器官。

●推丸蜣螂和巨粪金龟每只
[后足]的基节都有肋状凸起，其
上有一条窄隆起线斜穿而过。
它们彼此刮拨发出声音。

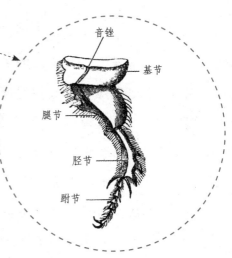

●镰刀形角金龟子鞘翅边
缘接合缝处有一个非常窄而细
的音锉，翅根外缘还有一个片状
短音锉。

●一些其他种类的金龟子在腹部背面
有音锉。

●某些独角仙的音锉位于前臀板，另一些独角仙类
的音锉则位于鞘翅的底面。

●棕斑金龟的音锉位于前胸腹，而刮具则位于后胸
腹板，与长角甲虫不一样。


由此可见，鞘翅类不同科昆虫的摩擦发声器官有着令人惊讶的繁多种
类，但构造却差别不大。在同一科中，有些物种具有这种器官，而另外一
些物种则没有，这种差异不难理解。如果各种甲虫躯体的任何坚硬、粗糙
的部分先是偶然碰触、摩擦而发出模糊或咝咝的声音，而且这声音对个体
有益，那么躯体的粗糙表面就会逐渐发展成正规的摩擦发声器官。有些甲
虫在移动过程中，还会有意或无意地发出一种模糊的声音，但是它们并没
有任何专门发出声音的器官。

华莱士先生告诉我，长臂金龟子在移动时靠腹部伸缩发出一种低沉的嗞嗞声。如果被捉住，它就会用后腿同鞘翅边缘互相摩擦，发出一种刺耳的声音。这种声音显然是由一个窄音锉沿着鞘翅边缘的接合缝擦过而发出的。我用它腿节的粗糙表面同其凹凸不平的鞘翅边缘互相摩擦，就能发出那种刺耳的声响。即便如此，我却无法在腿节上找出任何特殊的音锉构造。这种昆虫体形很大，我不可能看不到这种音锉。在考察了高脊步行虫的情况并读过韦斯特林关于这种甲虫的著述后，我认为长臂金龟子并不具有真正的音锉用于发声。

按照在直翅目和同翅目中发现的规律，我曾预期在鞘翅目昆虫中也能发现不同性别有不同的摩擦发声器官。但在详细考察了多个物种后，并没有见到这种差异。由于这类器官存在巨大的变异性，过于轻微的差异很难被发觉。

我观察的第一对埋葬虫，雄虫的音锉要比雌虫的大得多，但后面几对标本就不是这样。据我观察，有3只蝼蛄雄虫的音锉比雌虫的音锉更厚、更暗，隆起的也更多。为了弄清楚不同性别的摩擦发声能力是否存在差异，我儿子搜集了57只活标本，运用控制变量法，按照它们叫声的大小分成两组。检查了所有这些活标本之后，他发现这两组中雄虫和雌虫的比例很接近。还有人收集了许多象虫科的活标本，认为该类雌雄虫都会摩擦发声，且音量几乎一样。

对于某些鞘翅目昆虫而言，摩擦发声能力也是一种性征。

拟步行虫科的两个物种中只有雄虫具有摩擦发声器官。我检查了5只雄性驼背拟步行虫，其最末腹节背面都有一个相当发达的音锉，并且一分为二。我又对应检查了5只雌虫，它们身上没有音锉的痕迹，最末端腹节的膜是透明的，且比雄虫的膜薄得多。我观察了另外一种拟步行虫，雄虫具有同样完整的音锉，但是雌虫没有。雄虫鞘翅尖端的边缘及接合缝的每一边上都有三四条短的纵向隆起线，上面横亘着极细的肋状凸起。这种隆起线究竟是独立的音锉还是腹部音锉的一个刮具，我还无法断定。上述这些构造在雌虫身上并不存在。

观察了鳃角类独角仙属的三个物种后，我们也能发现类似的情况。

钩角独角仙属与尖鼻独角仙属的前臀板音锉上存在肋状凸起，但是雄虫的肋状凸起比雌虫更明显。光线适宜时，我们能看到雌虫的凸起上覆盖着毛，而雄虫的毛则非常细小，甚至没有。对于所有鞘翅目昆虫而言，无毛的音锉才对发声有效。塞内加尔独角仙雌雄虫之间的差异更显著。把长有音锉的腹节弄干净并放进光源下观察后，就可以清楚地看出这种差异。雄虫的音锉表面覆盖着分散的带刺小脊突，这些脊突在向腹端延伸的过程中逐渐结合，变得规则，毛刺逐渐消失。雄虫该腹节约四分之三的面积被极细的平行肋状凸起所覆盖，雌虫却没有这种构造。前后拨动独角仙属这三个物种标本的腹部，雄虫都会发出一种轻微的嘎嘎声或唧唧声。

毫无疑问，拟步行虫属和独角仙属雄虫摩擦发声是为了召唤或刺激雌虫。对多数甲虫来说，摩擦发出的叫声显然都是用于雌雄个体的相互召唤。同鸟类一样，甲虫类的摩擦发声也有不同功能，除了吸引异性外，还有许多其他用处。

**例如**

- 愤怒或者遇到挑战时，巨颚甲虫就会摩擦发出鸣鸣声。

- 被捉住而无法逃脱时，一些甲虫会由于绝望或恐惧而发出鸣叫声。

- 在加那利群岛敲打空心树干，会引起仙人掌象虫属的甲虫摩擦发出鸣叫声，从而得知它们的位置。

- 金龟子 雄虫会通过摩擦发出鸣叫声鼓励雌虫工作，也会因为雌虫被移走而悲痛地摩擦发出鸣叫声。

　　有些专家认为，甲虫发出叫声是为了把它们的敌害吓走。四足兽及某些鸟类能吞食一只大甲虫，但也会被这么轻微的声音吓到，这让人觉得不可思议。不过，摩擦发声还是多用于召唤异性。据推测，许多种类的雌雄甲虫起初很可能是用躯体上的坚硬部分彼此摩擦而发出轻微的声音，以便寻得配偶。发声最响亮的雄虫或雌虫成功地寻得配偶后，躯体不同部位上的皱纹通过性选择的作用逐渐发展成真正的摩擦发声器官。

# Chapter 3

昆虫类的第二性征（续）
——鳞翅目

在鳞翅目昆虫中，我最感兴趣的是，同一物种雌雄两性在颜色上的差异以及同一属不同物种之间在颜色上的差异。本章的绝大部分篇幅都要讨论颜色问题，但在这之前我要先对其他几个问题略作陈述。

若干鳞翅目雄虫群集在同一只雌虫周围向它求爱，这种现象随处可见。它们的求偶过程需要持续一段时间。

我曾多次观察一只或多只鳞翅目雄虫围绕雌虫旋转，有时我看累了，它们还没有结果。巴特勒先生也告诉我，他曾多次见到一只雄虫向一只雌虫求爱持续整整一刻钟也没有结果。雌虫并没有接受它，最后合拢双翅停在地面上，以此表示拒绝。

蝶类看上去温顺，实则好斗。

我们捉住了一只婆罗洲蝴蝶，它因为同另一只雄蝶争斗而导致两片翅尖破裂。科林伍德先生说婆罗洲蝴蝶经常发生争斗，它们以最快速度互相围着旋转，似乎在激怒对方，看起来异常凶猛。

有一种蝶能发出一种响亮的声音，这种声音就像齿轮在弹簧轮挡下通过时的响声一样，几米之外都能听到。

我在里约热内卢见到过两只这种蝴蝶互相追逐。它们的追逐路线很不规则，这引起了我的注意。同时我听到了这种声音，我想这可能是雌雄求偶时发出的声音。

某些蛾类也能发声，雄性毛蛾就是一例。

有人曾两次听到雄性蚝桦青实蛾发出一种急促的刺耳声，像是由一片弹性膜产生的，就像蝉属那样。毛蛾可以借助胸部的两只鼓状大囊，发出一种类似钟表的嘀嗒声。这类器官在雄蛾身上远比在雌蛾身上发达得多。

由此可见，鳞翅目的发声器官与性机能似乎有某种联系。当然，我所指的不是骷髅天蛾发出的那种声音。这种蛾羽化不久就可发出一种声音，所以发声并不只是用于求偶。

霍尔观察到 天蛾 有两个物种能散发出麝香气味，而且只有雄蛾才能散发。在较高等的动物纲中，我们将会碰到许多只有雄性个体才能散发香气的例子。

许多蝶类和某些蛾类都极其美丽，让人忍不住赞叹。它们的颜色和变化多端的样式是怎样形成的？是这些昆虫暴露其中

的环境条件直接作用的结果吗？是作为一种保护手段或者为了某种未知的目的吗？还是某一性别为了吸引异性，将世世代代的变异积累而来的？再者，某些物种雌雄两性的颜色差异很大，而同一属其他物种雌雄两性的颜色却彼此相像，其意义又是什么呢？在回答这些问题之前，我们要先列举大量事实。

●英国有许多漂亮的蝶类，如红纹蝶、孔雀蛱蝶、画美人蛱蝶等，其雌雄两性彼此相像。热带地区艳丽异常的长翅蝶和斑蝶科的大多数物种也是如此。

●部分蝶类雌雄两性在颜色上或大或小都有些差异。有时在同一个属中，我们也会发现有的物种雌雄个体之间颜色差异非常大，而其他的物种雌雄之间又几乎没有差异。

●南美地区的鳞翅目昆虫中，有12个物种的雌雄个体常出没于同一区域（很多蝶类生活区域不固定），生活的环境长久不变。在这12个物种中，有9个物种的雄蝶体色艳丽，雌蝶体色朴素，甚至还曾被列入不同的属。这9个物种的雌蝶彼此相似，而且同世界各地所发现的若干邻近属物种的雌雄双方都类似。因此，我们可以推论，这9个物种及该属的所有别的物种都起源于同一个颜色相似的祖先。第10个物种的雌蝶颜色普通，雄蝶与之相似，因此该物种雄蝶的颜色远不及前面9个物种绚丽，而且差别很大。第11个和第12个物种的雌蝶颜色几乎与雄蝶一样华丽，只是亮度上稍微暗一些。因此，后面这2个物种的雄蝶的鲜明色彩似乎已传给了雌蝶；而第10个物种的雄蝶则保持或再次显现了该属原始类型的平淡颜色。

最后一例中有三组尽管雌雄两性性状表达方式不同，但在鳞翅目中十分典型。在同一属中，某些物种雌雄两性的颜色都很平淡而且近似；而大多数物种的雄蝶都装饰着多种多样美丽的金属色泽，同雌蝶差异很大。整个属的雌蝶一般都保留着几乎一样的色彩，因此不同种类的雌蝶之间的相似度要高于同一属雌雄个体之间的相似度。

●在 凤蝶属 中，安尼阿斯蝶类群的所有物种均以它们显眼且差异明显的色彩而闻名。它们的雌雄差异也呈现等级化。

●斑点凤蝶等少数物种的雌雄个体彼此相似。在其他凤蝶属物种中，雄蝶的色彩或比雌蝶更加

明亮，或比雌蝶更加艳丽。

●胥蝶属同英国画美人蛱蝶有亲缘关系。该属大多数物种的雌雄两性都缺少华丽色彩，而且彼此相像。

●青铜色六月蝶的雄蝶颜色比雌蝶鲜明得多。这种巨大的差异会导致人们把雄蝶误认为另一个物种。

●热带美洲蚬蝶属的一个物种的雌雄两性几乎一样，都极其美丽。该属另一个物种的雄蝶具有同样华丽的颜色，雌蝶却几乎全身为暗褐色。

●常见的英国灰蝶类中的小型蓝蝴蝶，雌雄两性在色彩上差异很大，但是比其他属的物种差异小一些。

●小丘灰蝶雌雄两性都有灰色的翅膀，翅膀边上镶有像瞳孔似的橙色小点，彼此差异微小。

●爱琴岛灰蝶的雄性有着亮蓝色的翅膀，还镶着黑边。雌蝶的翅都是褐色的，其镶边同小丘灰蝶的翅很相似。

●竖琴灰蝶雌雄个体的翅都是蓝色的，而且很相似，但雌蝶翅边缘稍黑，上面的黑点稍淡。

●印度的一种蝴蝶，雌雄两性都是鲜艳的蓝色翅，彼此之间几乎没有差异。


我之所以列举上述事实是想阐明：


第一，当蝴蝶的雌雄个体出现差异时，一般情况下都是雄蝶更美丽，而且同该种所隶属的那一类群所具有的普遍色彩，差异较大。因此，在多数类群中，大部分物种的雌蝶之间的相似性远比雄蝶之间的相似性高。但有些时候，雌蝶的颜色比雄蝶更为艳丽，这一点将在下文详谈。

第二，上述事例也让我意识到，同一属的雄蝶和雌蝶在颜色上从没有差异到差异显著是逐渐递进的。对于差异显著的物种，昆虫学家曾误把雌雄归为两个属。

第三，当雄蝶和雌蝶色彩相近时，可能是由于雄蝶将色彩传给了雌蝶，或者是由于雄蝶保持或恢复了这一类群的原始色彩。


还应注意的是，在雌雄个体有差异的那些类群中，通常是雌蝶带有部分雄蝶的特征。如果雄蝶异常美丽，雌蝶也会比一般雌性美丽。雌雄个体的差异程度不同，根据同一类群普遍具有的一般色彩，我们可以断定，导致某些物种只有雄蝶才有鲜艳色彩，以及另外一些物种雌雄个体都具有鲜艳色彩的原因，是相同的。

上述颜色艳丽的蝴蝶都产于热带，因此人们猜测它们的颜色可能是由于地区高温及湿度所致。但是，有人在比较了许多和热带亲缘相近的温带昆虫类群之后，推翻了这种观点。如果同一物种的色彩鲜艳的雄蝶和色彩平淡的雌蝶栖息在同一个地方，吃同样的食物，并遵循着完全相同的生活习性，那么这种观点就不攻自破了。即使雌雄个体彼此相像，我也认为这是内部条件和外部环境共同作用的结果。

根据我的经验，所有种类的动物，一旦为了某种特殊目的而发生了颜色变异，要么是为了直接或间接的保护，要么是为了吸引异性。有许多种蝴蝶，其翅膀的上表面颜色暗淡，这可以使它们有效地躲避天敌，降低被发现的风险，增大逃脱的可能性。但是，蝴蝶静止停息时特别容易受到敌害的攻击，而且大多数种类的蝴蝶停息时都把翅膀垂直地竖立于背上，使翅膀的下表面暴露于外界。为此，有些种类的翅膀下表面的颜色发展得与停留物的颜色接近。勒斯勒尔博士首先注意到了这一点，指出画美人蛱蝶以及有些种类的蝴蝶合拢双翅时与树皮的颜色相似。

我们还可以列举出许多类似的例子。

例如

●华莱士先生记载了一种生活在印度和苏门答腊的 枯叶蝶 。其停息在矮树丛上时就像变魔术一样地消失了，因为它把头和触角都藏在合拢的双翅中间，这样从形状、颜色和翅脉来看，它就和一片带叶柄的枯叶无异。

还有一些蝴蝶翅膀的下表面具有灿烂的颜色，但仍是作为保护之用。

例如

●红纹蚬蝶的双翅合拢时呈翡翠绿色，与黑莓树的嫩叶相似。春天时，这种蝴蝶常常停息于黑莓树上。

还有一点需要引起我们的注意，有许多物种的雌雄个体上表面的颜色差异很大，而下表面的色彩却非常接近或完全一样，这也是为了自我保护。

蝶类如果上下两面的色彩都比较暗淡，无疑更有助于隐藏自我、躲避敌害，但是这一观点并不适用于上表面具有鲜艳夺目色彩的那些物种，如英国的红纹蝶、孔雀兰蝶、画美人蛱蝶、粉蝶等，以及常出没于开阔沼泽地的大燕尾凤蝶。这些蝴蝶的颜色太过鲜艳，以至于所有动物都能看到。大部分这种蝶类的雌雄个体的颜色彼此相似，但也存在例外。

 ●山黄粉蝶的雄蝶是深黄色的，而雌蝶的颜色要淡得多。
 ●黄斑襟粉蝶只有雄蝶的翅尖具有鲜明的橘黄色。

在这些例子中，无论雄蝶还是雌蝶都惹人注目，因而它们的颜色差异与自我保护关系不大。但有一种灰蝶的雌性个体停息在地上时，会将褐色的翅膀展开，这时它就会与大地融为一体。雄性个体好像知道其翅膀上表面的鲜蓝色会招来危险，停息时会闭合翅膀，这说明蓝色决不能用于保护。

尽管如此，引人注目的色彩也是一种警告信号——表明自己"不好吃"，这对许多物种也能产生间接的有利作用。还有一些例子表明，某些个体美丽的颜色是通过模仿其他美丽物种而获得的，被模仿者也居于同一地方，它们身体的颜色对模仿者的天敌有某种防卫作用，从而使模仿者避免受到攻击。

● 黄斑襟粉蝶和一种美国襟粉蝶的雌蝶向我们表明了 襟粉蝶 亲种的原始色彩，因为该属有四五个散布很广的物种，其雌雄个体的色彩与这两种的雌蝶几乎一模一样。因此，我们可以推断，雄性黄斑襟粉蝶和美国襟粉蝶产生了变异，并异于该属的基本情况。

● 产于美国加利福尼亚州的蛛襟粉蝶拥有橘色翅尖，这一性状在雌蝶方面也得到了发育，但颜色比雄蝶的要淡些。雌雄个体在其他方面也稍有差异。有一个与之亲缘相近的印度蝴蝶类型叫作齿小蠹，其橘色翅尖的性状在雌雄两性中都得到了充分发育。齿小蠹双翅的下表面类似一片淡色的叶子。

● 英国的黄斑襟粉蝶的下表面则同野生欧芹的头状花相似，它们常在晚间停息于其上。

这些都使我相信，蝴蝶下表面的色彩同样是为了保护。我也不得不承认，翅尖鲜明的黄色不是为了同样的目的，而且该性状只在雄蝶中显现的时候，更能说明这一点。

大多数蛾类在整个白天或白天大部分时间都不活动，而且其翅膀平展。为了避免被发现，它们整个上表面的颜色浓淡和着色方式，常常令人赞叹不已，华莱士先生也这么认为。

　　●蚕蛾科和夜蛾科停息时，其前翅一般能把后翅掩盖起来。后翅具有灿烂的色彩，前翅盖住后翅能有效躲避敌害。

蛾类在飞翔时不容易被敌害捕捉，但飞翔时后翅完全暴露于外界，因此具有一定的风险性。我们不能就此轻易地得出结论。具有普通黄色后翅的毛夜蛾通常在傍晚飞来飞去，其后翅的颜色易被察觉。我们可能会自然而然地将之视为危险的源头，但这实际上是逃避危险的一种手段，因为鸟类注意到的是具有灿烂色彩的部分，而非它们的躯体。

　　把一只健壮的黄毛夜蛾标本放进鸟笼子里，马上就受到一只鸟的追逐。观察之后发现，吸引这只鸟的是标本的彩色翅膀，因为鸟尝试了50次左右，才把翅膀撕成碎片，将蛾捉住。用一只燕子和缘饰毛夜蛾在露天进行相同的实验，但由于这种蛾子体形较大，燕子没能成功将其抓获。

正如华莱士先生所说，在巴西森林和马来群岛有许多非常漂亮的普通蝴蝶，它们虽有宽阔的翅膀，但都不善于飞翔。它们被抓获时，翅膀往往因被刺穿而破裂，好像它们曾被鸟类捉住后又逃脱了。倘若翅膀与虫体的比例的差距没有这么大，那么身体就更可能受到频繁的打击和刺穿，因此翅膀增大对个体更有利。

# 自我炫耀

许多蝶类和有些蛾类的灿烂色彩都是为了自我炫耀，所以它们容易被发现。在夜间，这种鲜艳的色彩不易被察觉，所以夜间活动的群体，其翅膀远不及白天活动的群体华丽。某些科的蛾类，如斑蛾科、天蛾科、燕蛾科、灯蛾科和天蚕蛾科，在白天或傍晚四处飞翔。同严格夜出昼息的个体相比，它们之中有许多物种都非常漂亮，颜色也更加灿烂。然而也有特例，少数夜出物种也具有鲜艳色彩。

在自我炫耀方面，还有另一类证据。如上所述，蝶类停息时便竖起它们的翅膀，但在晒太阳的时候，往往把双翅交替地竖起或垂放，这样翅膀的两面就都充分可见。蝴蝶翅膀下表面的色彩往往更暗，用于自我保护，但也有物种翅膀的下表面同上表面一样华丽，而且样式千差万别。有些热带物种，其翅膀的下表面色彩甚至比上表面还要鲜艳。英国蛱蝶只有下表面才有闪闪的银光。尽管如此，一般的规律是，上表面暴露得更加充分，其颜色要比下表面更多样、灿烂，产生变异的可能性更大。因此，在鉴定不同物种之间的亲缘关系时，下表面可以为昆虫学家们提供更为有用的性状。

●生活在巴西南部的蝶蛾属的三个物种，其中两个物种的后翅颜色都比较暗。这两种蝶蛾停息时，其后翅总是被前翅所掩盖。第三个物种的后翅是黑色的，上面有美丽的红色和白色斑点。这种蝶蛾不论在什么时候停息，它们的后翅都充分展开，以显示其色彩。

现在我们再来谈谈蛾类这一庞大的类群。它们通常不把翅的下表面暴露出来，因为翅膀下表面的色彩比上表面更灿烂或与之相当。但要注意，合欢蛾是一个例外。

●澳洲枯叶蛾的前翅上表面呈淡灰赭石色，而下表面则饰以华丽的钴蓝色眼点。这个眼点位于一块黑斑的中央，黑斑之外围绕着一层橙黄色，再外一层是浅蓝白色。

●某些尺蠖蛾类和夜蛾类翅膀的下表面比上表面的色彩更斑驳，或更鲜艳。

有些蛾类的翅完全竖立于背上，并在相当长的时间内保持着这种姿势，这样就把下表面暴露于外界；有些则在停息于地上或草本植物上时，会不时地轻微抬起翅膀。因此，有些蛾类翅膀的下表面会比上表面的颜色鲜明。 天蚕蛾科 中有些蛾非常漂亮，可以在所有蛾类中称冠，其翅膀饰有漂亮的眼点。它们的一些活动同蝶类相似，例如就像炫耀自己一样扇动翅膀。可见，白天活动的鳞翅目昆虫比夜间出没的更喜欢自我炫耀。

虽然许多颜色艳丽的蝶类的雌雄个体差异颇大，但据我观察，英国境内颜色艳丽的蛾类的雌雄个体差异却很小。但也存在一些例外。

●美国有一种河神天蚕蛾，雄蛾具有深黄色的前翅，上面点缀着紫红色的斑点；而雌蛾的双翅却是紫褐色的，点缀着灰色的线条。

●英国蛾中有几个物种，其雄蛾的颜色比雌蛾暗得多，这些物种一般会在下午四处飞行。

●在许多属中，雄蛾的后翅要比雌蛾的更白，鸣夜蛾就是其中一个例子。

●忽布蝙蝠蛾的雌雄差异更为显著：雄蛾呈白色，雌蛾呈黄色并带有较暗的斑纹。雄蛾的这种颜色或许对其有利，黄昏光线变暗时，这种颜色更容易吸引雌蛾的注意。

从上述事实来看，大部分蝶类和少数蛾类具有艳丽色彩，其目的不是为了保护自己。我们已经看到，它们艳丽的色彩及优雅的姿态主要用于自我炫耀。雌性个体更偏爱颜色艳丽的雄性个体，也会因此兴奋。可以说，雄性个体自我炫耀的根本目的就是为了求偶。要知道，蚁类和某些鳃角类甲虫对同类有依恋之情，而且蚁类在间隔数月之后还能认出它们的伙伴。鳞翅目昆虫在系统上同这些昆虫大概居于差不多相等或完全相等的位置上，因此有能力欣赏异性的艳丽色彩，这一点在理论上是可信的。

鳞翅目昆虫能够识别颜色，并借此发现花。

例如

● 我们常常可以见到 蜂鸟天蛾 在一定距离以外，向绿叶丛中一束花猛扑过去。有人跟我说，这种蛾曾反复光临一间屋子墙上画的花，并努力把喙插进去。

● 巴西南部有几种蝴蝶明显钟爱某几种颜色。它们时常光临五六个属的植物的灿烂红花，但从不光临同一个花园里的其他属植物开出的白花或黄花。

● 普通白蝶常朝着地面上的一小片纸飞过去，无疑是把它误认为同类。

● 在马来群岛有些蝶类，如果把其中一只标本钉在一条易见的小树枝上，就会吸引正在匆忙飞行中的同种昆虫，这样就能轻易地捕捉到活虫。如果标本昆虫与飞行昆虫是不同性别，那么就更容易了。

蝶类的求偶是一个时间较长的过程。有时雄蝶因竞争而互斗，有时多只雄蝶会同时围绕一只雌蝶。至于蛾类，雌蛾一般会挑选雄蛾，否则雌雄之间的结合完全是随机的。如果雌虫经常或偶尔选择更美丽的雄虫，那么雄虫的颜色会通过遗传积累而越来越艳丽。按照普遍的遗传规律，这种颜色将传递给雌雄双方或只传给一方。在成虫状态时，鳞翅目大部分种类的雄虫数量远远超过雌虫，性选择的过程将会因此在很大程度上得到推进。

虽然雌蝶通常都喜爱比较美丽的雄蝶，但也存在例外情况。

●有几位昆虫采集者跟我说，他们常常可以看到生机勃勃的雌蝶同受伤的、虚弱的或颜色暗淡的雄蝶交配，但这种情况主要是因为雌蝶早于雄蝶羽化。

●蚕蛾科的雄蛾和雌蛾一旦成熟就进行交配，因为它们的口器处于线迹状态，无法取食。

●几位昆虫学家向我解释，有些种类的雌蛾几乎处于麻木状态，对其配偶似乎毫无兴趣。欧洲大陆和英国的一些饲养员告诉我，普通家蚕蛾就是这种情况。

华莱士博士在饲养臭椿蚕方面有丰富的经验，他相信这个种类的雌蛾对雄蛾没有兴趣，也不会进行选择。他曾把300多只臭椿蛾放在一起饲养，发现最强壮的雌蛾经常同发育不全的雄蛾相配。但雄蛾对雌蛾并不将就，较强壮的雄蛾常选择最富生命力的雌蛾。尽管如此，蚕蛾科虽颜色暗淡，但是它们拥有优雅而复杂的色调，因此相对而言还是很美丽。

迄今为止，我所谈到的只是雄虫颜色比雌虫更为鲜明的那些物种。我认为，世世代代，雌虫总是选择更有魅力的雄虫进行交配，所以雄虫变得越来越美丽。雌虫比雄虫色彩更艳丽的反例很少，但也存在。在这种情况下，雄虫所选择的仍是比较美丽的雌虫，雌虫因此不断积累有益性状而变得越来越美丽。在各个不同的动物纲中，都有少数物种的雄性个体选择比较美丽的异性，而不是来者不拒。这在动物界普遍存在，但是我对其原因并不清楚。鳞翅目中有些种类是因为雌性个体数量远远多于雄性个体，所以雄性就有机会挑选雌性。

例如

　　●大英博物馆收藏的鳞翅目物种中，有几个种类的雌虫与雄虫一样美丽，甚至比雄虫更美丽。这几个物种的雌虫翅膀边缘镶嵌着艳红色和橙色，并具有黑色斑点。这些物种的雄虫色彩比较平淡，彼此相像，这说明发生变异的是雌虫。对比来看，雄虫更加美丽的物种，发生变异的是雄虫，雌虫则相差无几。

　　●英国也有类似的情况：蚬蝶属的两个物种，只有雌蝶在前翅上具有一种鲜紫色或橙色斑块；草地褐蝶的雌雄个体颜色差别不大，只是雌性翅膀上有一种显眼的鲜褐色斑块。

●雌性可食粉蝶与黄纹豆粉蝶黑色翅膀边缘上有橙色或黄色斑点，雄虫则只有细条纹。

●在粉蝶属中，雌蝶前翅上装饰着明显的黑色斑点，雄蝶只有一点点。


已知多数雄性蝶类在飞行交配过程中需要载着雌性伴侣，但前面几例中的物种却是雌蝶载着雄蝶。雌蝶、雄蝶因扮演的角色不同，美丽程度也不同。在整个动物界中，雄性个体在求偶过程中一般比较积极主动。雌性个体接受的是更有魅力的雄性个体，因而雄性个体越来越美丽。某些雌性蝶类在交尾过程中更主动，可以推断，它们在求偶过程中也更主动，所以它们越来越美丽。

由于性选择主要依靠变异，鳞翅目昆虫的颜色极其易变，因此性选择随之发生作用。


我看过两种凤蝶的一整套标本，其中一种雄蝶的变异体现在前翅翠绿色斑块的宽窄程度、白斑的大小程度及后翅红色条纹的明亮程度上。因此，这一群体中最绚丽的雄蝶和最朴素的雄蝶之间形成了强烈对比。

第二种雄性凤蝶远不及第一种雄性凤蝶美丽，它们前翅上绿色斑块的大小以及后翅上零星出现的艳红色小条纹等都有所不同。条纹性状可能来自本种的雌蝶，该物种的雌蝶以及安尼阿斯蝶类中其他许多物种的雌蝶都具有这种艳红色条纹。这两种凤蝶色彩最鲜明的个体与另一种凤蝶色彩最暗淡的个体之间差异明显，从变异的角度看，可以通过性选择使其中一个物种不断积累美丽色彩这一性状，达到如今的效果。这里的变异性差不多只限于雄蝶。

虽然有许多反对的声音，但我仍认为大多数鳞翅目物种的鲜明色彩是性选择的结果。当然，有些鲜明色彩的获得用于自我保护，即 拟态 。在整个动物界中，雄性个体一般热情奔放，乐于

> 某种动物为了生存而模拟另一种动物的外形。

接受所有雌性个体，而雌性个体却要挑选雄性个体。如果性选择曾在鳞翅目昆虫中发挥过有效作用，那么在雌雄相异的情况中，雄性个体的颜色应该更鲜艳。事实也确实如此。雌雄双方都有着灿烂的色彩并彼此相似时，雄性个体所获得的性状大概传递给了雌雄双方。我的依据是，同一属的不同物种的雌雄个体，在颜色上存在着从差异显著到完全一样的等级递进。

有人或许会问，除了性选择，就没有其他方法可以解释雌雄之间的颜色差异吗？如果同种雄蝶和雌蝶栖息于不同的场所，即雄蝶一般暴露在日光之下，雌蝶则出没于幽暗的森林中，那么不同的生活条件可能会对雄蝶和雌蝶产生不同的影响。但是，雄蝶和雌蝶的幼虫生活在同样的环境中，变成成虫后生活环境即使有所不同，时间也非常短暂，因此不能用生活条件进行解释。

华莱士先生相信，性别之间的差异，主要是因为在所有情况下，雌性个体都为了保护自己而选择获得较暗的色彩，与交配关系不大。

我的观点与之相反，认为通过性选择发生变化的是雄性个体，雌性个体变化比较小。因为亲缘关系密切的物种之间，雄性个体差异较大，雌性个体差异较小。从雌性个体身上，我们能看到这个类群的原始色彩。由于一些变异性状也传递给了雌性个体，因此它们有时也或多或少地发生一些变化。通过连续变异和性状累积，雄性个体越来越美丽。我并不否认，某些物种的雌性个体为了自我保护而发生了较大变异。在大多数情况下，不同物种在漫长的幼虫状态中会暴露于不同的生活条件下，因此会受到不同的影响。在此期间，雄性个体可能会发生微小的颜色上的变化，但往往会被性选择引起的强烈色彩变化所掩盖。

如果性状在雌雄个体中的遗传概率一样，那么色彩鲜明的雄性个体受到青睐，也会引起雌性个体发生相同的变化，或者色彩暗淡的雌性个体受到青睐，也会引起雄性个体发生相同的变化。如果这两个过程同时进行，它们就会相互发生作用，最终结果将变得不确定：发生变异的雄性个体能够获得更多配偶并留下更多后代，则前者的作用更大；发生变异的雌性个体更有效地保护自我并留下更多后代，则后者的作用更大。

某种性状为什么常常只传递给一种性别？

华莱士先生认为，雌雄个体中比较普通的同等遗传方式可以通过自然选择转变为只向一种性别遗传的方式。

但我还没有找到这方面的证据。根据家养动物的情况，我们知道新性状出现之初，通常只传递给一种性别。经过一段时间，外界原因对变异进行选择之后，使雄性个体具有鲜明的色彩，使雌性个体具有暗淡的色彩，也是有可能的。按照这种逻辑，某些蝶类和蛾类的雌性个体可能是为了保护自己而使颜色逐渐变得暗淡，并与其同种的雄性个体产生显著差异。

然而，如果没有确切的证据，我无法相信大部分物种存在两个复杂的选择过程：雄性个体击败对手是因为自己的颜色更鲜艳，从而使这种性状得到选择；雌性个体能逃避敌害是因为自己的颜色更暗淡，从而使这种特征得到遗传强化；它们又把这些改变只传递给同种性别的个体。

例如

　　●普通 黄粉蝶 中，雌蝶和雄蝶都呈黄色，但是雄蝶比雌蝶的颜色更黄。雄蝶为了吸引异性而获得了更深的颜色，这一点易于被我们接受。雌蝶为了保护自己而颜色较浅，这一点似乎说不过去。

　　●黄斑襟粉蝶的雌蝶没有雄蝶那样美丽的橙色翅尖，这种情况与花园里的粉蝶类似，但是我不知道这对其是否有益。黄斑襟粉蝶的雌雄色彩情况同居住在世界不同地方的该属若干其他物种类似，因而雌蝶可能只是在很大程度上保持了原始色彩。

　　最后，我们可以通过不同的考察结果得出以下结论。

　　对大多数色彩灿烂的鳞翅目昆虫而言，主要是雄性个体通过性选择发生变异，而雌雄个体之间的差异决定于遗传方式。遗传受到如此众多未知的法则和条件支配，我们无法确定其作用方式。从这一点来看，近亲物种雌雄个体颜色的极端相似或相异就可以理解了。由于变异过程都必须通过雌性个体来传递，因而变异过程就容易在雌性个体中留下痕迹。而且，在所有亲缘相近的物种中，雌雄个体从极端不同到毫无差别之间常会出现一系列的级进。因此，一些雌性个体经历了转变的过程，并为了保护自己而失去鲜明色彩，这种说法是不合理的。据我所知，在大部分情况下，大多数物种都处于较为固定的不变状态。

## 拟态

南美洲蝶类与长翅蛱蝶科属于不同的科，它们的条纹和色调却异常接近，只有经验丰富的昆虫学家才能将两者区分开。长翅蛱蝶科保持着原始色彩，而南美洲蝶类的色彩与其类似，它们偏离了所属类群的正常色彩。很显然，长翅蛱蝶科是被拟者，而后者是拟者。拟者的数量较少，而被拟者的数量则很多，拟者和被拟者常混在一起生活。长翅蛱蝶科是颜色鲜明而美丽的昆虫，种类丰富，个体数量巨大，因此它们必定靠某种分泌物或气味来保护自己免受攻击。这一结论现已得到广泛证实，所以作为拟者的蝶类通过变异和自然选择获得了警戒色，以此逃避被吞食的危险。被拟者蝶类原本就具有鲜明色彩，并不受拟者影响。

有些读者可能不太理解，拟态过程的最初步骤是如何通过自然选择而被完成的。拟者最初在颜色上与被拟者毫无相似之处，但即使有益的变异非常轻微，也能使其中一个物种逐渐变得更像另一个物种。另外，被拟者也许同时通过性选择或其他途径而变化到极端的程度。如果这种变化是渐进的，那么拟者很可能也沿着同一轨迹发生变化，直至两者变得相似。于是，拟者最终获得了同自己所隶属的那个类群的其他成员完全不同的外貌或颜色。鳞翅目的许多物种在颜色上都容易发生剧烈而突然的变异。

有几个物种的雌雄分别模拟另外一些物种的雌雄个体。有些被拟者的雌雄个体颜色不同，而拟者的雌雄个体颜色也以同样的方式存在差异。还有记录表明，只有雌性个体才模拟色彩鲜艳且有保护作用的物种，而雄性个体则保持其原有的外表。在这种情况下，使雌性个体发生改变的连续变异，显然只传递给了雌性一方。然而，在这许多连续变异中，有些难免会传递给雄性个体并发展起来。但获得这类变异的雄性个体失去了对雌性的吸引力，所以遭到了淘汰。可以说，只有从一开始就严格传递给雌性个体的那些变异才会保持下来。

有的雄蝶在模拟有保护措施的种类时，仍以隐蔽的方式保留了它们的一些原始状态。

● 雄蝶的下翅上半部分是白色，其余部分则布满了黑色、红色以及黄色的条斑和点斑。这些有颜色的部分同它们所模拟的物种相似，雌雄个体都模拟得很像，但雌蝶没有白色部分。雄蝶通常用上翅将下翅掩盖起来，而使白色部分得以隐蔽。

这似乎说明，雌蝶因某种原因执着于白色这一性状，才使得雄性保留下来。除了性选择，我想不出更合适的解释。

# 蠋的鲜明颜色

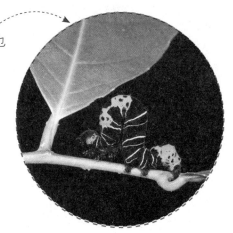

蝶类通常有美丽的外表，其幼虫——蠋也呈现漂亮的颜色。性选择在这一阶段不起作用，因此成年蝶类美丽的外表这一性征不能归因为蠋的颜色。有些蠋的颜色同成年昆虫的颜色没有任何相关性。此外，蠋的鲜明颜色在任何正常意义上都不能发挥保护作用。

●在南美洲开阔的大草原上，有一种颜色鲜明的天蛾蠋，它长约10厘米，有黑色和黄色的横条带斑，头、足和尾均呈鲜红色。凡从此路过的人，在几米以外就能看到它。毫无疑问，经过此处的鸟也会看到它。

华莱士先生博学多识，我就这一问题向他请教。他考虑了一下回答："大多数幼虫也会进行自我保护，比如有些种类的幼虫具有棘状凸起或刺激性的毛，许多幼虫身体呈绿色，与它所取食的树叶是一个颜色，也有一些同它们生活的树枝颜色相近。"

●南非的含羞草上生活着一种蛾的幼虫，它们把自己伪装得和周围的棘刺一样。

根据考察，华莱士先生猜测，颜色鲜明的幼虫可能用一种难闻的气味保护自己。不过它们的表皮极娇嫩，轻微受伤就会损伤内脏，被鸟轻轻一啄就会死掉。正如华莱士先生所言，仅仅依靠散发难闻的气味不足以保护自我，除非捕食者知道它味道很差。如果鸟类和其他捕食者能准确知道某种幼虫味道不好，也许会让幼虫逃过一劫。这种情况下，鲜明的颜色就能派上用场，然后通过变异和遗传得以继承。

这一假说看似毫无根据，却在昆虫学领域得到了多方面的支持。

一个鸟舍里养有很多鸟，经过许多实验之后发现，鸟吃掉了所有昼伏夜出、表皮光滑的幼虫，即使表皮呈绿色或与树枝颜色相似的幼虫，也未能幸免。有毛的和有刺的幼虫，以及4个颜色显著的种类则幸免于难。鸟不吃某种幼虫时，它们会摇头或摩擦鸟喙，以此表示讨厌这种味道。

蜥蜴和青蛙喜食蜡及蛾子。有人曾把三种颜色显著的蜡和蛾子给它们吃，它们却并不食用。

这些可以证明华莱士先生的观点：某些幼虫颜色变得显著是为了自我保护，这样能使自己的天敌更容易认出它们。这和药商为了人类的安全把毒药装在有色瓶里出售是同样的道理。但我们现在还不能只用这一个理论来解释幼虫出现多种多样颜色的原因。如果物种在某一时期由于周围环境及气候的影响而获得了暗淡的体色，或者具有斑点、条纹的外表，那么当另一些物种的体色变得鲜明时，各个种类呈现的颜色就会千差万别。这是因为为了达到生存目的，自然选择可发展的方向非常灵活。

# Chapter 4

鱼类、两栖类和爬行类的
第二性征

# 鱼类

我们现在讨论的是脊椎动物亚门的动物，先从鱼类开始。

板鳃鱼类（指所有鲨鱼和鳐鱼）和全头鱼类（银鲛类）的雄性个体都有鳍，能在交配过程中发挥重大作用。除鳍外，许多 鲼鱼类 的雄性个体

头部都生有尖锐的刺，胸鳍发达，有些种类的背鳍经过变化生有毒刺。另一些物种的雄性个体的躯体部分则是光滑的，刺丛只在繁殖季节才临时发育出来。一些鲼鱼腹鳍边缘特化为交尾器官，用于交配。它们可以将躯体两侧向内和向下弯曲，从而起到抱握器官的作用。需要注意的是，有些物种，如刺背鳐鱼，其背上生有钩状大刺的是雌鱼而非雄鱼。

毛鳞鱼只有雄性个体背部才有一条密集的毛刷状鳞。母鱼在浅滩处游走或产卵时，公鱼把鳞隆起，显得非常威武，在母鱼两侧保驾护航。毡毛单角鲀和毛鳞鱼亲缘关系较远，但是体形与之相似。其公鱼尾部两侧生有一团肉冠似的坚硬直刺。有一个15厘米长的公鱼标本身上长着约4厘米的直刺。母鱼的同一位置则生有一团比较坚硬的毛。鲀科中还有一个物种，公鱼尾部两侧有类似的硬毛，母鱼尾巴两侧则是光滑的。同一属的某些物

种，公鱼尾部比较粗糙，母鱼则很光滑；剩下的种类则是公鱼和母鱼的尾部都很光滑。

许多公鱼都会为了占有母鱼而争斗。

　　●公光尾刺鱼会为母鱼筑巢，母鱼过来观察巢穴时，公鱼会欣喜若狂。母鱼在公鱼周围钻来钻去，进入巢里的物资储备处察看，然后再回到公鱼身边。如果母鱼停止不前，公鱼就会用吻推它，还会用尾巴和边刺把母鱼推进巢里。

据说这类公鱼是多配性的，勇敢而好斗，而母鱼都十分温和。公鱼之间的争斗非常激烈，它们会紧紧缠住彼此，翻来滚去，直到筋疲力尽。公刺鱼战斗时会相互撕咬，并找准机会用刺袭击对方。这些狂暴的小家伙撕咬起来很凶猛。它们的侧刺十分锋利，完全可以致命。

　　●我曾见过两条公刺鱼战斗，一方果真把另一方刺死了。被刺死的一方随即沉到水底。

公鱼获得母鱼的芳心之后，就不再献殷勤。它那华丽的外表逐渐消退，好斗性也大大减弱，但在一段时间内还会受到其他公鱼的袭击。公鲑鱼和公鳟鱼也如公刺鱼般好斗。

渔场监督员布伊斯特先生告诉我，他常常看到在母鲑鱼产卵时，公鱼守在身边，尽一切努力驱赶其他公鱼。产卵床上总有公鱼争斗，也总有公鱼身负重伤或者当场死亡。他就见到一些公鱼在岸边垂死挣扎。1868年6月，斯托蒙特菲尔德养鱼场的管理员在泰恩河北段发现了300条死鲑鱼，其中只有一条母鱼，其余都是公鱼。他认为这些公鱼丧生于相互争斗。

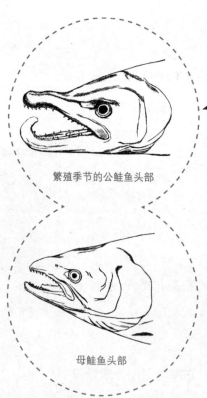

繁殖季节的公鲑鱼头部

母鲑鱼头部

在繁殖季节，公鲑鱼的体色会出现轻微变化，下颚延长并在颚端生出一个朝上翻卷的软骨凸起。当上下颚闭合时，该凸起就占满了上颚颚间骨之间的那个深腔。 英国鲑鱼 的这种变化只发生在繁殖季节。而美洲西北部的一种狼鲑的这种变化则是永久性的，其中溯游到河里来的那些较老的公鱼表现得最为明显。这些年老公鱼的下颚已经发展为一个巨大的钩状凸起，上面的尖齿生长规则，长度往往超过2.5厘米。

一条欧洲公鲑鱼猛攻另一条公鱼时，钩状凸起既能增加鱼嘴的力量，也能提供有效的保护。美洲公鲑鱼牙齿极其发达，甚至可以和许多雄性哺乳动物的獠牙相比。这种锋利的牙齿既为了自我保护，也用于发起进攻。

鲑鱼不是雌雄牙齿相异的唯一鱼类，许多虹鱼也是如此。成年公刺背鳐鱼有尖锐的牙齿，且向后生长，母鱼的牙齿则阔而平。所以，同一物种雌雄个体牙齿的差异有时要比同科不同属之间的差异更显著。公鱼未成年时的牙齿也是阔而平的，成年之后牙齿才变得尖锐。正如第二性征发育的一般情况那样，成年后，鳐鱼类的某些物种雌雄个体都具有尖利的牙齿。这应该是公鱼先获得了性状，然后同等传递给了雌雄后代。

●斑鳐的雌雄个体在完全成熟后才长出尖形的牙齿，且公鱼比母鱼长牙早。

●虹鱼类的其他物种，公鱼牙齿不发生变化，成年的雌雄个体的牙齿都同它们幼小时一样，长得阔而平。

●鳐鱼勇敢、强壮而贪婪，公鱼尖利的牙齿是为了同竞争对手进行争斗，可能还用于交配时咬住母鱼，防止逃脱。

关于体形大小，几乎所有鱼类都是公鱼大于母鱼。某些鳉类的鱼，母鱼大小还赶不上公鱼的一半。公鱼需要力强体大，好与其他公鱼进行争斗。母鱼体形增大，在更大意义上是为了大量产卵。

在许多鱼类中，大部分都是公鱼有鲜明的色彩，或者是公鱼的色彩明显比母鱼鲜艳。有些公鱼还具有使自己更加美丽的装饰品，但是装饰品的作用却没有孔雀尾巴那样大。许多热带鱼类的雌雄个体在颜色和构造上都有差异。

●公䲢鱼因宝石般的鲜艳色彩而被称为宝石䲢。从海里捕获的 鲔 ，身体上有各种浓淡不同的黄色，头部具有亮蓝色的条纹和斑点，背鳍呈淡褐色并有暗色纵带斑，腹鳍、尾鳍和臀鳍均呈蓝黑色。母鱼又叫泥色䲢，曾被林奈以及许多学者误当作另一个物种。母鱼全身红褐色，没有光泽，背鳍呈褐色，其他鳍则为白色。雌雄个体在头部和嘴部的大小比例，以及眼睛的位置也有差异，但最显著的差异还在于公鱼的背鳍特别长。观察圈养的䲢就会发现，这种独特的装饰同鹑鸡类雄性个体的垂肉、羽冠以及其他引人瞩目的装饰一样，都是用来向配偶炫耀的。䲢公鱼鱼苗在身体构造和颜色上与成年公鱼相差无几。在整个䲢属中，公鱼的

公鱼

母鱼

斑点一般远比母鱼的鲜明得多。还有几个物种，公鱼不仅背鳍长得多，而且臀鳍也长得多。

●蝎杜父鱼，亦称海蝎鱼，公鱼比母鱼细且小，它们之间在色彩上也有巨大差异。产卵时，这种鱼的色彩变得极为鲜艳，任何没有见过这种情况的人，都难以想象这种混合的鲜艳色彩是产卵期才出现的，而在其他时间，这种鱼毫无美丽之处。

●隆头鱼的雌雄个体虽在色彩上很不相同，但都很美丽。公鱼呈橙色并带有亮蓝色的条纹；母鱼呈鲜红色，背上有一些黑斑点。

●鳉科属于淡水鱼类，有些种类的公鱼和母鱼在各种性状上差异很大。雄性黑帆鳉背鳍极其发达，上面有一行颜色鲜明的大圆眼状斑点；而雌性个体的背鳍较小，形状也不同，上面只有不规则的褐色斑点，呈曲线排列。雄性个体臀鳍的底边稍有延长，颜色暗淡。 剑尾鱼 与黑帆鳉是近亲，公鱼尾鳍下方似一个长条，上面还有色彩鲜明的线条。这个长条里没有肌肉，显然对

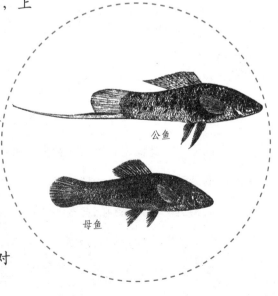

公鱼

母鱼

母鱼

公鱼

鱼体本身没有直接用处。

●公鲔鱼幼时与成年时身体色彩和构造都无变化，这种情况与鹌鹑的情况类似。

●有须鲶鱼是产于南美洲的一种淡水鱼，公鱼的嘴和内鳃盖骨边缘布满硬毛胡须，母鱼却没有。这些硬毛和鳞片有些类似。该属中还有一种鱼，公鱼头顶有柔软易弯的触须，母鱼却没有。这种触须是身体的延伸，和有须鲇鱼的硬毛并不是一回事，但是有相同的作用。我猜测其如果不是发挥装饰作用，那么这些须对公鱼也没有别的用处。

●银鲛公鱼额前方具有一个柄状额鳍脚，脚内前半部分具有一群小刺，母鱼则没有。对于其用途，我们尚不清楚。

到目前为止所谈到的这些构造都是在公鱼成熟后才稳定。不过，在鲷属以及其他亲缘相近的属中，有些种类的公鱼只有在繁殖季节才长出头上的冠饰，身体也在这时变得更加鲜艳，而母鱼身上没有相应的痕迹。同属的其他物种的雌雄个体均有冠饰，也有个别物种的雌雄个体都不具有这样的构造。在雀鲷科的许多种类中，公鱼的前额有一块显著的凸起，母鱼及未成熟的公鱼则没有。这些鱼类前额上的凸起在产卵季节增大，而在其他季节则完全消失。在非产卵季节，公鱼和母鱼的头部侧面轮廓没有差别。

这块凸起到底有何作用，尚不为人所知。这种情况同某些鸟类头上的肉瘤相似，但它们是否用作装饰，仍未有定论。

有些鱼类的雌雄个体体色永远不同，这样的鱼种往往会在繁殖季节变得更加鲜艳。但大部分鱼类，雌雄个体的色彩无论在哪个季节都完全相同，如拟鲤和鲈鱼。在繁殖季节，公鲑鱼双颊呈现橙色条纹，与隆头鱼外观相似。母鲑鱼则是暗黑色，故通常称为黑鱼。公光尾刺鱼在繁殖季节会变得异常美丽，眼睛翠绿鲜亮，具有金属光泽，就像蜂鸟的绿色羽毛一样漂亮；喉部和腹部均呈鲜明的艳红色，背部为灰绿色，整个身体有点透明，犹如体内有个发亮的白光源。母鱼的后背和眼睛则都是单调的褐色，腹部是白色。繁殖季节结束，公鱼这些美丽的颜色就会消失，喉部和腹部的红色变淡，背部的绿色变深，整个身体暗淡下来。

## 求偶

我们先来看几个例子。

●杂种隆头鱼的雌雄个体体色不同。公鱼在沙地上打好洞穴，然后尽全力吸引母鱼。公鱼会在母鱼和洞穴之间徘徊，表现出极大的热情，以期能成功获得母鱼的芳心。

●公海管鱼在繁殖季节呈深铅黑色，也会离开鱼群单独筑巢。公鱼们全都行动起来，捍卫自己的巢穴，对任何想要冒犯的同性都会发起猛烈反击，但对待母鱼的态度及行为则有天壤之别。许多母鱼在繁殖季节因为怀卵而躯体膨大，公鱼便想尽一切办法，把母鱼吸引到自己的洞穴里，让母鱼在那里产卵。之后，公鱼会一直守护在洞口。

● 中国红鲤 的公鱼会在母鱼面前炫耀自己的美色，而且公鱼本身也比母鱼漂亮得多。繁殖季节，公鱼会为了母鱼而争斗。争斗过程中，公鱼会展开鱼鳍，其上有斑点，也有色彩鲜明的鳍刺。公鱼的鳍刺展开时犹如孔雀开屏一般，漂亮的色彩及姿态吸引着母鱼。母鱼对此表现出兴趣，慢慢地靠近公鱼，与公鱼一起游水，好像默许了公鱼的追求一样。公鱼获得了母鱼的青睐之后，会从嘴里吹出小气泡，气泡聚在一起形成泡沫盘。公鱼会把母鱼产下的鱼卵吸进嘴里，然后吐出来，附着在泡沫盘上。随后，公鱼会不断修复泡沫盘使其更加牢固，然后死死守护鱼卵，直到孵出小鱼。

有一些鱼类的公鱼会把卵搁在嘴里孵化。有些人不相信渐进进化原则，因此不相信公鱼会把卵放进嘴里孵化。把卵放进泡沫盘里的安全性低，且比较费事，直接放进嘴里更省事、更安全，所以一些鱼类慢慢习得了这种行为。

据我所知，在没有公鱼在场的情况下，母鱼不愿意产卵；在没有母鱼在场的情况下，公鱼也不愿意为卵授精。公鱼会为了占有母鱼而争斗。有许多鱼类的雌雄个体在年幼时颜色一致，成年以后，公鱼就变得比母鱼艳丽得多，并且一直保持这种性状。还有一些种类，公鱼的颜色只有在繁殖季节才变得比母鱼更艳丽。公鱼身上的装饰物往往也明显多于母鱼。公鱼会一直不停地追求母鱼，尽己所能展示自己的美色。这些行为在求偶过程中难道只是出于本能，而一点用处都没有吗？答案是否定的。既然有目的，母鱼一定会进行挑选，选择自己最中意的伴侣。母鱼在选择过程中，公鱼不断炫耀自己的装饰，相关性状会借助性选择发挥作用。

## 性状的传递

接下来，我们要探讨某些公鱼通过性选择获得鲜明的色彩之后，能否借助性选择的作用向雌雄后代传递这些变化，从而使雌雄两性都变得异常美丽。

隆头鱼属 中有世界上最绚丽的种类——孔雀隆头鱼。其鳞片闪闪发亮，仿佛黄金制成的铠甲，身上还镶饰着类似天青石、红宝石、蓝宝石、翡翠和紫水晶色彩的装饰物。对于该属鱼类，大多数人都可以接受是性选择在发挥作用，

因为该属至少有一个物种的雌雄两性的差异非常大。还有一些鱼类像低等动物那样，其华丽的色彩可能是组织性状以及环境条件作用的结果，而并非性选择的结果。

　　●金色鲤鱼可能是普通鲤鱼的变种。金色鲤鱼的艳丽外表大概是由一种单纯的突然变异所形成的，而这种突变又是由圈养条件引起的。更为可能的原因是，人工选择使这种颜色不断强化。鱼类这种还算高等的动物生活在复杂的自然条件中，如果说金色鲤鱼没有受到自然环境的干预，没有从这种变化中得到改变或受益，那么就不可能获得如此艳丽的色彩。

　　那么，对于雌雄个体色彩都华丽的鱼类，我们应该得出什么结论呢？华莱士先生认为，有些鱼类常常出没于礁石之间，那里有大量珊瑚虫和其他色彩鲜明的有机体，因而这些鱼类的色彩也变得鲜明，以躲过敌害的追捕。然而，在热带的淡水中，并没有色彩鲜艳的珊瑚虫或其他有机体可供鱼类模仿，也有色彩鲜艳的鱼类。

　　●亚马孙河的许多鱼都有着美丽的色彩。

●印度的肉食性鲤科有许多鱼类身上有各种色彩鲜明的竖线条。

　　有些人认为，这类色彩鲜明的鱼是提醒翠鸟、海燕、海鸥以及其他鸟类自己"不好吃"，因为这些鸟类捕捉鱼类，间接控制着鱼类的数量。但到目前为止，我还不知道哪一种鱼，尤其是淡水鱼，因味道不好而被捕食者拒绝。对于雌雄个体色彩都鲜艳的鱼类，最合理的解释是，公鱼先获得了这种性状并用于吸引母鱼，然后将性状同等地传递给了雌雄后代。

　　现在，我们需要考虑几个问题：雄性个体在体色及身体装饰物方面同雌性个体有显著差异时，是否只有雄性个体发生了变异，然后将这种变异性状遗传给雄性后代？是否只有雌性个体发生了变异，得到了较暗的色彩用于自我保护，然后将这一性状遗传给雌性后代？

　　毋庸置疑，许多鱼类获得的色彩都用于自我保护，无论是鲜明的色彩还是暗淡的色彩。比目鱼身体表面满是斑点，这与它栖息的海底沙床十分相似。还有一些鱼类能通过神经系统的作用，在短时间内改变颜色以适应周围的环境。海龙的身体又细又长，同海草几乎没有差别，它用尾部缠在海草上，其他动物难以辨认。

　　我们现在要考虑的问题是，是否只有母鱼为了自我保护而发生变异。如果雌雄双方为了自我保护而通过自然选择发生了变异，那么双方发生的变异应该不会有太大差别。除非其中一方长期生活在危险环境之中，而另一方则一直相对安全，或者一方的逃跑能力不及另一方。但在生活环境和逃跑能力方面，公鱼和母鱼几乎没有差别。最大的差别可能就是公鱼游动更快，所以母鱼面临的风险相对更大。

鱼卵产出之后就会迅速与精子结合。鲑鱼的受精过程需要持续数天，母鱼产卵时，公鱼会一直陪伴左右。大多数时候，卵子和精子结合成受精卵之后，公鱼和母鱼就会离开，受精卵就失去了保护。对于产卵而言，公鱼和母鱼面临着同样的风险，而对于受精卵而言，公鱼和母鱼所起的保护作用几乎一样。因此，任何一个性别的个体，无论体色艳丽与否及艳丽程度怎样，其遭遇风险或得到保护的概率几乎一样。从这个角度来看，双方对后代的体色这一性状几乎产生了同样的影响。

个别科的某些鱼类会筑巢，还有一些会照顾刚孵化出来的幼鱼。

例如

● 颜色鲜明的锯隆头鱼的公鱼和母鱼相互合作，共同用海草和贝壳等材料修筑巢穴。

● 有些种类只有公鱼独自筑巢并照顾后代，颜色暗淡的刺缎虎鱼就是其中的一种。该鱼雌雄个体的颜色并无差异，但公鱼的色彩在产卵季节变得鲜艳。

● 公光尾刺鱼在较长时间内都像保姆一样照顾后代，一直小心翼翼、高度警惕。如果幼鱼离开巢穴，公鱼还会将其引回巢中。幼鱼出巢期间，公鱼会一直保护，驱赶所有敌害，包括同种类的母鱼。如果母鱼产完卵后被吃掉了，

**公鱼则免去了驱赶母鱼的麻烦，因此相对能轻松一些。**

栖息于南美和锡兰的某些鱼类，虽属于两个不同的目，但公鱼都有一种奇特的习性，即母鱼产下卵之后，公鱼会把卵放在鳃腔里孵化。生活在亚马孙河的一种鱼就有这种习性。一般情况下，这种鱼的公鱼比母鱼颜色鲜明，这种差异在产卵季节更明显。珠母丽鱼属的鱼种也同样如此。在这个属中，公鱼在繁殖季节会在前额长出一个凸起物。

然而，鱼卵受不受父母保护这一事实，显然对于雌雄之间的颜色差异并无多大影响，或根本没有影响。更明显的是，守巢和看护幼鱼的公鱼，颜色越鲜明，则面临的风险越大。因此，公鱼遇到危险对本族性状的影响，远远大于色彩鲜明的母鱼遇到危险。由于公鱼发挥着看护幼鱼的作用，公鱼的死亡会导致幼鱼的死亡，所以性状的遗传就会终止。尽管如此，公鱼在很多时候颜色只会更艳丽。

在大多数总鳃类（海马、海龙等）中，公鱼的腹部都有袋囊或者半圆形的凹陷，用来装鱼卵并进行孵化。公鱼对鱼苗极其爱护，精心照顾。此类鱼的雌雄个体的色彩通常没有太大差异，但公海马比母海马颜色更鲜明。然而，剃刀鱼属的母鱼比公鱼色彩更鲜艳，斑点也更多。母鱼有袋囊孵化后代，公鱼却没有。从这一点上说，剃刀鱼的母鱼和所有其他总鳃类都不相同，其公鱼与母鱼性状恰好与其他种类相反。这并不是一种巧合，

对于由公鱼照顾鱼卵和幼鱼的鱼类而言，公鱼比母鱼颜色更鲜艳；剃刀鱼则是母鱼照顾鱼卵和幼鱼，所以母鱼的颜色更艳丽。所以，我们可以这样解释：总鳃类中，照顾后代任务更艰巨的那一方色彩更鲜艳，目的是自我保护。但从公鱼色彩比母鱼更为鲜艳的其他鱼类来看，无论这等色彩是永久性的还是临时性的，在繁殖后代方面，公鱼并不总是比母鱼更重要。

根据上述描述，我们可以得出结论，对于雌雄个体色彩或其他装饰性状有差异的大多数鱼类，都是雄性个体先发生了变异，然后将变异性状传递给雄性后代，并在此过程中吸引异性，最后通过性选择逐渐积累这些性状。然而，在很多情况下，这些性状部分或全部传递给了雌性个体。还有一些情况下，雌雄个体为了保护自己而有着相似的色彩，但不存在只有雌性个体为了自我保护而在颜色或其他性状上发生变异的情况。

## 声音

鱼类会发出各种各样的声音，有的声音犹如音乐一般。

不同鱼类通过各种方法故意发出各种声音。

●有些鱼类靠咽头骨摩擦而发声。

●有些靠鳔上的某些肌肉振动而发声，同时把鳔当作回声板。

●有些靠鳔的内肌振动发声。鲂鲱属可以借助鳔的内肌振动发出一种纯正而悠长的声音，这种声音约在八音度范围之内。鼬鳚属中有两个物种，只有雄性个体才有发声器官。这种器官由骨骼构成，相应骨头上有专门的肌肉，肌肉连接在鳔上，整个构造十分灵活。

●荫鱼类生活在欧洲海洋中11米深的海底，它们发出的声音可以传到海面上。有些渔民告诉我，公鱼在产卵期间才会发出这样的声音。人类可以模仿它们的声音，以此为诱饵捕获这些鱼。

通过以上实例可以判断出，鱼纲动物具有发声器官。就像众多的昆虫类以及蜘蛛类那样，它们的发声器官有时候可以把雌性个体聚集在一起。因此，这种发声器官是借助性选择的作用逐渐发展起来的。

## 两栖类

## 有尾目

蝾螈的雌雄个体在色彩和身体构造上都大不相同。某些种类的蝾螈，雄性个体在繁殖季节到来之前会在前肢生出抱握爪等特殊结构。

例如

●雄蹼足北螈在繁殖季节会在后足生出游泳蹼，在冬季则会消失不见，变得与雌性个体没有区别。雄性个体追求雌性个体时会摆动游泳蹼。毫无疑问，这种构造对雄性个体极为有利。

雄螈

雌螈

●生活在英国的普通小蝾螈（斑北螈和 冠北螈 ），雄性个体在繁殖季节会沿着脊背和尾巴长出布满锯齿的冠状物，并在冬季消失。这种冠状物中没有肌肉，因此不能用于运动。在求偶季节，这种冠状物的边缘就会变得色彩鲜明。因此，可以肯定地说，这种装饰物属于雄性个体。

还有许多物种的体色会经历较大变化，比如有些物种平时是灰黄色，但到繁殖季节则变得比较鲜艳。

●英国普通小蝾螈（斑北螈）的雄性个体，身体上面为灰褐色，下面则为黄色。在春季，雄性个体的整个身体变成橙色，并有圆形黑斑分布于身体各处。这时，冠状物的边缘也呈鲜红色或紫色。雌性个体平时为黄褐色，上面有褐色斑点，底面的颜色十分单调。幼螈的色彩一般都很暗淡。

有尾目的卵从母体排出之后立即进行受精，双亲之后便弃之不顾。由此可见，雄性个体通过性选择获得十分显著的色彩和装饰性附器，这种性状要么只传递给雄性个体，要么同时传递给雌雄两性。

## 无尾目或蛙类

许多蛙类和蟾蜍类的体色显然有保护作用，如雨蛙的鲜绿色以及许多陆栖物种斑驳而发暗的体色就是如此。

●黑蟾蜍整个身体上表面黑如墨水，脚蹼以及腹部某些区域散布着明亮的朱红斑点。在烈日的炙烤下，它在寸草不生的沙漠区域或开阔的草原上到处爬行，所有动物都能看到它的身影。这种颜色可以提醒捕食者"这种动物味道极差",因而捕食者会放弃捕食,黑蟾蜍也达到了自我保护的目的。

●尼加拉瓜有一种体形较小的蛙,它披着一身红色和蓝色的耀眼外衣,白天四处跳跃,毫不隐藏自己的行踪。一见到它那泰然自若、毫不畏惧的样子,就知道它对其他动物来说很不美味。经过若干次实验,我终于成功让一只小母鸭衔住了一只幼蛙。小母鸭立即将幼蛙甩了出去,并且晃着脑袋走来走去,犹如努力摆脱某种讨厌的味道一样。

虽然几乎所有蛙类或者蟾蜍类的雌雄个体在颜色上都没有明显的差异,但凭借体色是否更加鲜艳的特点,可以轻易区分雌雄个体。两性的身体构造也几乎没有差异,但雄性个体在繁殖季节前肢上会生出凸起,以便在交配过程中抱握雌性个体。这些动物虽然是冷血动物,但是它们激情满满,因此它们没有获得强烈显著的第二性征很让人觉得奇怪。

有人曾发现一只雌蟾蜍,因为三四只雄蟾蜍在与其交配时抱得太紧,导致窒息而死。德国的一种蛙类会在繁殖季节进行激烈的争斗,时间持续较长,双方进攻猛烈,有时其中一只的躯体会被对方撕裂。

蛙类和蟾蜍类存在一种有趣的性别差异——只有雄性个体才能发出

声响，演奏音乐。然而，雄菜蛙及其他一些种类的雄性个体发出的声响难听至极，根本不能称为音乐。有些蛙类的叫声却可以称得上悦耳动听。在里约热内卢，我喜欢在傍晚坐在水边，聆听水草上的小雨蛙那美妙动听的声音。

雄性个体发出叫声主要是在繁殖季节吸引异性。普通的英国青蛙也会在这个时候呱呱乱叫。与之相符的是，雄性个体的发声器官远比雌性个体发达。在一些属中，只有雄性个体才具有与喉相通的囊结构。

●食用蛙的雄性个体有囊。雄蛙大叫时，囊中充满了空气，变成球状的大气包，在口角两边显得十分突出。

由于这种结构差异，雄蛙的叫声很有力量，而雌蛙的叫声十分微弱，就像呻吟一般。在这一科的某些属中，雌雄个体发声器官的构造大有差异，这可以归因于性选择。

# 爬行类

## 龟类

龟类和海龟类都没有表现出十分明显的性别差异，雌雄两性往往只有细微的差别：有些物种的雄性个体比雌性个体尾巴更长；有些物种的雄性个体腹甲或甲壳的下表面轻微凹陷，而雌性个体的背甲有隆起。

●美国雄锦龟前足的爪是雌龟的两倍长，便于交配时抱握。

●加拉帕戈斯群岛有一种巨龟，名为黑陆龟，成熟的雄龟在体形上明显大于雌龟。在交配季节，雄龟能发出一种嘶哑而响亮的吼声，100多米以外的雌龟都能听见，但是雌龟从不发声。

●雄性印度丽陆龟在激烈的争斗中互相冲撞，发出巨大的声响，能传播到很远的地方。

## 鳄类

鳄类的雌雄个体体色没有差异。我未见过雄性鳄鱼之间的争斗，但我认为这是存在的。因为有些种类的雄性鳄鱼会在雌性鳄鱼面前尽己所能地炫耀，这难免会引起同性之间的互斗。

●咸水湖中有一种短吻鳄，雄性会在湖中掀起层层波浪并大喊大叫。它高高抬起头和尾巴，在水面上跳跃转圈，就像印第安首长跳舞一般剧烈。同时，肚子鼓起来，仿佛就要撑破一样。它这样做是为了获得雌性个体的青睐。在求偶季节，雄性的颌下腺还会散发出一种麝香，这种气味弥漫在它经常出没的地方，吸引着雌性。

## 蛇类

蛇类的雄性个体一般比雌性个体的体形小，而且有着更加细长的尾巴。在体色方面，雄性个体颜色更鲜明，因此可以比较容易地从颜色上区分雌雄个体。

●英国雄蝮蛇背上有种之字形黑色带斑，比雌蛇的更为清晰显著。

●北美响尾蛇雌雄个体之间的差异更加明显。雄蛇全身都是略微灰白的黄色，很容易将它与雌蛇区分开。

●非洲南部有一种牛头蛇，雄蛇身体两侧满是黄色的斑驳图案，与雌蛇差别很大。

●双突齿食螺蛇是印度的一种毒蛇，雄蛇呈黑褐色，腹部的一部分为黑色，而雌蛇呈微红色或淡黄绿色，腹部为黄色或点缀有黑色大理石斑纹。

●印度还有一种蛇，雄蛇为鲜绿色，而雌蛇呈青铜色。

某些蛇类的色彩无疑具有保护作用，如树蛇类的绿色以及生活在沙漠区域的蛇类的各种或深或浅的颜色和斑点都是如此。对于英国的蛇和蝮蛇等种类而言，色彩是否用来隐蔽自己仍是疑问。对于许多具有极为漂亮色彩的蛇来说，色彩的作用更是一大疑问。有些种类的蛇，幼蛇和成年蛇的体色也有较大差异。

在繁殖季节，蛇类的香腺变得更活跃，蜥蜴类的肛门腺以及鳄类的颌下腺也是如此。由于大多数动物都是雄性个体追求雌性个体，所以香腺是为了把雌性个体引至雄性个体所在的地方，更为了刺激雌性个体。雄蛇平时很少活动，但在求偶方面却很积极。我曾见过许多条雄蛇围拢着一条雌蛇。即使雌蛇已经死了，也会吸引多条雄蛇围绕。但目前还没有发现雄蛇为了争夺雌蛇而进行争斗。

蛇类的智商比我们想象的更高。蛇在动物园里生活一段时间之后，就知道不能去碰撞笼子的铁门。家养的某些蛇类经历四五次尝试后，就懂得避开捕蛇的活套。

有人曾见过一条眼镜蛇把头伸入一个窄洞去吞食一只蟾蜍。由于蟾蜍体积较大，眼镜蛇吞下蟾蜍后无法从窄洞里退出来。发现了这一点后，它极不情愿地吐出已经获得的美味。它仍然不甘心，于是再次吞掉蟾蜍，经过更加剧烈的挣扎之后，它还是不能退出来，不得不再次放弃。经过两次尝试之后，它仿佛发现了规律，于是咬住了蟾蜍的一条腿，然后慢慢把它拖出洞来，再尽情享受这一美味。

动物园的管理员说，响尾蛇属和蟒蛇属的智商比较高，能区分开饲养员和其他人。关在同一个笼里的眼镜蛇相互之间彼此依恋。

蛇类具有某种判断能力、热烈的激情以及爱情，但是它们却没有审美和鉴赏力，因此不会欣赏配偶的鲜艳颜色。所以，蛇类通过性选择使个体的体色更加鲜艳这一理论并不成立。

南美的珊瑚蛇类呈艳红色，蛇身具有黑色和黄色的横带斑。这种艳丽的颜色也无法用性选择原理解释。

我清楚地记得，第一次见珊瑚蛇是在巴西。它正缓缓穿过一条小路，那艳丽的颜色让我忍不住驻足观看。华莱士先生说，除了南美洲，没有哪个地方的蛇类有这种特殊颜色。

　　生活在南美洲的这种蛇至少分为四个属，其中一个属叫作珊瑚毒蛇属，该属的蛇都有剧毒。有两个属的蛇全然无毒，剩下那个属的蛇是否有毒尚未可知。这四个属的蛇都栖息在同一区域，彼此长相相似，若不是见多识广，一般人很难辨认出哪种蛇有毒，哪种蛇无毒。按照华莱士先生的理论，为了保护自己，无毒的蛇获得有毒蛇的色彩，让敌害误以为它们很危险。然而，有毒的蛇为什么有鲜明色彩的原因尚不清楚，但也许和性选择有点关系。

　　除了嘶叫外，蛇类还能发出其他声音。

例如

　　●剧毒的龙首蝮蛇身体两侧各有数行构造特殊的斜鳞片，鳞片边缘为锯齿形。这种蛇被激怒后，斜鳞片会互相摩擦，产生一种奇妙、悠长且接近嘶鸣的声音。
　　●响尾蛇会发出咔嗒咔嗒的响声。观察响尾蛇就会发现，它在发出声响时，通常会盘蜷昂首，然后断断续续发出咔嗒咔嗒的声音，有时可持续半小时。这种声音可以吸引另一条蛇，继而完成交配。遗憾的是，还不能确定发出声响的蛇是雄还是雌。

除了吸引异性，蛇类发出的声响可能还有其他用途，比如对其他动物发出警告。还有些蛇类会对着树干迅速摆尾巴，并发出一种清晰的声响。我在南美遇到过一条蝮蛇，就属于这种情况。

## 蜥蜴类

有很多种类的蜥蜴的雄性个体都会为争夺雌性个体而争斗。

●南美树栖的冠饰安乐蜥就极其好斗。春季或初夏，两只成熟的雄蜥蜴相遇时，一般都会发生争斗。它们先点头三四次，同时喉下的褶皱或喉囊会膨胀。它们的双眼闪耀着愤怒的光，左右用力地摇摆尾巴，积攒了力量之后，猛扑向对方。双方用牙齿互相咬住，并上下翻滚。获胜的一方通常会吃掉对方的尾巴，冲突随之宣告结束。

蜥蜴类的各个物种都是雄性个体远多于雌性个体，而且雌雄个体的各种外部性状往往差异很大。

●安达曼群岛的红裸趾虎只有雄性具肛前孔。这种孔大概用于散发香气。

●安乐蜥只有雄性有一条沿着脊背和尾巴的冠饰，可以随意竖起。

●雌性印度鬣蜥也有脊冠，但远不如雄性发达。许多鬣鳞蜥类、避役类以及其他蜥蜴类的情况也是如此。

●在某些物种中，雌雄两性的冠饰同样发达，如瘤疣鬣鳞蜥便是如此。

●在赛塔蜥蜴这一属中，只有雄性才有一个大喉袋。喉袋可以像一把扇子那样折叠起来，在求偶季节呈蓝、黑、红三种色彩。在雌性身上，没有喉袋的痕迹。根据记载，冠饰安乐蜥的雌性也有喉袋，呈艳红色并具黄色大理石花纹，只是这种喉袋只留有残迹，并不明显。另外，有些蜥蜴的雌雄个体都有同等发达的喉袋。

某些蜥蜴类的雌雄个体之间的差异更明显。

例如

●有一种角蜥的雄性在吻端生有一种圆柱状附器，几乎有半个头那么长，表面覆盖着鳞片，容易弯曲且能竖立，雌性则仅有一点残迹。该属还有一个物种在其易弯的附器顶部有一个小角，由一个末端鳞片形成。 斯氏角蜥 的整个附器已变成一个角。这个角通常为白色，兴奋时就会呈现带紫的色彩。成熟雄性的角长达1厘米，雌性和幼蜥的角则很短。这等附器如同鹑鸡类的肉冠，显然是用于装饰。

●在避役属中，雌雄之间的差异最大。栖息于马达加斯加的雄性 双角避役 头上覆盖着鳞片，头骨的上部生出两个坚硬的巨大骨质凸起，雌性仅能看到一点痕迹。非洲西海岸的 欧氏避役 雄性的吻部和前额生有三个奇异的角，而雌性则连一点痕迹也没有。这种角是由一种骨的赘生物构成的，外围有平滑的外鞘。外鞘是躯体普通外皮的一部分，

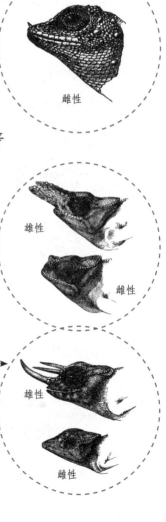

雄性

雌性

雄性

雌性

雄性

雌性

因而它们同公牛、山羊或其他具有鞘角的反刍动物的角在构造上一样。尽管这三只角和双角避役头骨上那两个巨大的延长物在外观上相差甚远，但是它们的目的和作用一样。人们认为，这些物种的雄性利用这种角互相争斗。事实确实如此，两只避役会在树枝上激烈厮斗。它们用角发起猛烈进攻，并试图咬住对方。战斗一会儿后，它们停战休息一会儿，然后又接着争斗。

不少蜥蜴类的雌雄个体在颜色上只有轻微差异，只不过雄性个体的色彩和条纹比雌性个体的更为鲜明，轮廓也更清楚。

- 南非绳蜥属的雄性比雌性更红或者更绿。
- 印度黑唇树蜥的雌雄差异稍微大一些，雄性嘴唇为黑色，而雌性嘴唇却是绿色。
- 英国的普通胎生小蜥蜴的雄性躯体下表面和尾巴基本上都是鲜橙色，并有黑色斑点，雌性则呈浅灰绿色且无斑点。
- 智利的瘦蜥蜴只有雄性身上有蓝色、绿色和红铜色的斑点。

一些种类的蜥蜴，雄性个体全年都保持一样的色彩，但另外一些种类的雄性个体在繁殖季节会变得色彩鲜明。

●玛丽亚树蜥的雄性在繁殖季节，头部呈鲜红色，身体其余部分则呈绿色。

许多蜥蜴类的雌雄个体都有同样美丽的色彩，这种色彩一般是保护色。有些物种生活在草木之中，身体的鲜绿色无疑是为了躲避敌害。

●在巴塔戈尼亚北部，我见过一种斑点蜥蜴，它们一受惊就展开身体，闭上眼睛，和周边的沙地几乎融为一体。

众多蜥蜴类物种所装饰的鲜艳色彩，以及它们所具有的各种奇异的附器等性状，很可能先由雄性个体获得，然后只传递给雄性后代或者同时传递给雌雄后代。性选择对爬行类所起的作用如同对鸟类的作用般重要，而且效果类似，即雌性个体的色彩都不及雄性个体显著。

# Chapter 5

鸟类的第二性征

同其他纲的动物相比，鸟类的第二性征不会引起身体构造发生重大变化，却更加多种多样，而且更加显著。因此，我将用相当长的篇幅来讨论这个问题。

有些种类的雄鸟具有某种用于争斗的特殊武器，但这并不多见。它们有些会用各种各样的声音来魅惑雌鸟；有些会在身体的某些部分生出各种各样优美的肉冠、垂肉、隆起物、角、鼓气的囊、顶结、裸羽轴、羽衣以及长羽毛，用以装饰自己；有些会在地上或天空中跳舞或表演，通过古怪、滑稽的动作向雌鸟求爱；还有些能散发出一种麝香气味，用来魅惑或刺激雌鸟。

● 澳洲麝鸭 的公鸭在夏季散发出麝香气味，个别公鸭全年都会散发这种气味，而母鸭无论在繁殖季节还是其他时候都不会散发出这种气味。这种气味在交配季节十分强烈，通常是"未见其鸭，先闻其味"。

在所有动物中，鸟类的审美水平最高，几乎可以和人类相媲美。

在讨论性征之前，我们先简单谈谈雌雄个体之间因为生活习性不同而产生的差异。这种差异在低等动物中很常见，但在高等动物中却很罕见。

●胡安·费尔南德斯群岛上有两种蜂鸟,人们一直认为它们是不同的物种,但其实它们是同一物种的雌雄两性。它们在喙的形状上有轻微差异,雄鸟喙的边缘为锯齿状,前端为钩状,而雌鸟则没有这些特征。

●新西兰的新态鸟,其雌雄两性的取食方式不同,因此喙的形状出现了较大差异。

●金翅雀的雄鸟的喙较长,捕鸟人能根据这一点区分雌雄。雄金翅雀喜欢成群地聚在一起,借助自己长长的喙啄食川续断种子,而雌鸟更常吃的却是水苏或玄参属植物的种子。

借助这些例子,我们可看到鸟类雌雄个体的喙通过自然选择的作用而形成巨大差异。然而,在上述这些例子中,雄鸟也可能是因为同其他雄鸟争斗而使喙发生了变异(性选择),随后又导致了生活习性的轻微改变。

## 战斗法则

几乎所有的雄性鸟类都极其好斗,它们用喙、翅膀和腿互相争斗。

例如

●每年春季，我们总可以看到英国的歌鸫鸟和麻雀争斗不止。

●所有鸟类中，体形最小的是蜂鸟，但它却是最好争斗的鸟类之一。一对蜂鸟在一次争斗中，死死咬住对方的喙，在空中来回旋转，直至坠地。还有一个属的蜂鸟，如果两只雄鸟在空中相遇，它们通常会发生激烈的冲突。如果把它们关进笼子里，战败的那只鸟的舌头会被对方撕裂，最后因不能进食而死去。

●普通雄性黑水鸡在求偶时，会为了争夺雌鸟而激烈争斗。争斗过程中，它们几乎直立在水面上，用脚互相踢打对方。有人曾见过两只雄鸟激烈争斗了半小时之久，其中一只抓住了另一只的头。多亏了人的干预，否则被抓住的那只雄鸟就会战死。在战斗期间，雌鸟一直袖手旁观。

●有一种同鹬亲缘相近的鸟（凤头董鸡），其雄鸟比雌鸟大三分之一，繁殖季节会变得勇猛好斗。因此，东孟加拉人会把它们养起来，让它们相斗取乐。

●多配性的 流苏鹬 因为好斗而闻名。雄鸟的体形大大超过雌鸟。在雌鸟想要产卵的地方，雄鸟天天聚集在那里。根据草皮的践踏情况，捕鸟人可以很快找到这种地方。雄鸟会用喙猛啄对方，用翅膀发起攻击，双方之间的争斗极其激烈，鸟颈周围的长羽毛都会直直地竖起来。这些竖起来的羽毛像一面盾牌似的扫过地面，保护躯体比较脆弱的部分免受伤害。然而，从鸟类颈羽的种种富丽色彩来看，它们主要用作装饰。

许多鸟类都是雄鸟大于雌鸟，这无疑是多个世纪以来较大、较强壮的雄鸟不断战胜对手的结果。澳大利亚有几种鸟类，雌雄个体在体形上相差悬殊。

● 雄麝鸭是雌鸭的两倍大。

也有鸟类是雌鸟大于雄鸟。很多观点认为，雌鸟在养育幼鸟方面承担了大部分工作，因此体形更大，但这种解释不足以令人信服。

许多鹑鸡类的雄鸟，尤其是一雄多雌的种类，都具有同竞争对手进行战斗的特殊武器——距。这种武器威力十足。一位纪实作家曾做过这样的描写：

在德比郡，一只鸢袭击一只带有小鸡的雌斗鸡。这时，雄斗鸡飞奔来救，跃起一踢，用距准确地刺穿了鸢的眼和头骨。雄斗鸡的距因插得太深而拔不出来，鸢则牢牢地抓住对手不放，这两只鸟紧紧地连在一起。把它们分开之后才知道，雄斗鸡只不过受了点轻伤而已。这只雄斗鸡无所畏惧的精神从此远近闻名。

一位先生很久以前曾目睹斗鸡的悲壮场面：

一只斗鸡在斗鸡场发生了事故，双腿折断。它的主人打赌，如果能把这只斗鸡的腿接好，它就会继续斗下去。骨折处接好了之后，这只斗鸡又勇敢地投入战斗，直到它不能再战为止。

锡兰有一个与斗鸡亲缘相近的野生物种，名为斯氏原鸡，它们会为了保护配偶而进行殊死战斗，因而雄鸡死于同性争斗的情况很常见。一种印度石鸡的雄性个体具有坚固而锐利的距，被捕获的雄鸡在胸部一般都有战斗的痕迹。

几乎所有鹑鸡类的雄性个体都会在繁殖季节进行猛烈争斗，即便没有距，也是如此。

●松鸡和黑松鸡都是一雄多雌，在固定地点聚集。雄鸟会在这里进行战斗并向雌鸟献媚，时间长达数周之久。

●俄国松鸡在相斗过程中，会将地上的雪全染红，羽毛四处飞扬。

●在德国，雄黑松鸡求偶的歌舞被称为巴尔兹。这种鸟会连续发出奇怪的叫声，且行为怪异：高高举起尾巴，并像扇子一样打开；昂起头和颈，所有羽毛随之竖起来；展开双翅朝不同的方向跳跃，有时是绕圈跳跃；用喙的下部用力抵住地面，颈部羽毛有时都被磨掉了。它们拍击双翅，转了一圈又一圈，并且越来越兴奋、越来越活泼，最后进入疯狂状态。这时，雄黑松鸡全神贯注，对其他事不管不顾。雷鸡的求偶状态更专注，因此在这种时刻，我们可以在一个地方接连射杀好几只雷鸡，甚至可以徒手捕捉它们。雄黑松鸡在做完这些滑稽表演之后就开始相斗。一只雄黑松鸡为了证明体力胜过若干敌手，会在清晨走访几处"巴尔兹舞场"。

●具有长尾羽的孔雀像个战士，更像个纨绔子弟，有时也发生猛烈的冲突。离切斯特不远的地方曾发生过两只孔雀相斗。它们如此愤怒，以至于飞越了整个城市仍在厮打。最终，它们降落在圣约翰塔顶，冲突才算结束。

鹑鸡类一般只有一个距，但多距的鸟类每条腿上都具有两个或两个以上的距。某种血雉的腿上有五个距。距一般只限于雄鸟才有，而在雌鸟腿上仅表现为小瘤的残迹，但雌爪哇绿孔雀以及小型火背雉是例外。因此，距可以被视为一种雄性构造，偶尔才会或多或少地遗传给雌鸟。就像大多数其他次级性征那样，同一物种的距无论在数量上或发育程度上都极易变异。

双翅上有距的鸟类有很多，但埃及鹅只有光秃而不锐利的小瘤，这似乎向我们展示了其他物种的距最初的样子。距翅鹅雄鹅的距比雌鹅大得多。有人认为它们用翅距进行争斗，来争取与雌性的交配权，但也有人认为它们主要用来保护幼鸟。 角叫鸟类 每张翅上都有一对距，这是一种非常可怕的武器。据了解，只要用距一击，狗都会哀号而逃。对于某些具有翅距的秧鸡类，雄鸟的距并不见得比雌鸟的大。然而，在某些鸻类中，翅距无疑属于一种性征。

距

例如

● 英国普通凤头麦鸡的雄性个体翅肩上的小结节，会在繁殖季节变得更为凸出，用于互相争斗。

● 跳鸻属的某些物种的小结节，在繁殖季节会发展成一支短的角质距。澳大利亚裂跳鸻的雌雄个体都有距，但雄鸟的距比雌鸟的大得多。与其亲缘相近的一种鸟，距在繁殖季节并不增大。我在埃及曾见过澳大利亚裂跳鸻互相争斗，它们争斗的方式同英国田鸻一样，在空中突然转向对方，从侧面互相攻击，这样通常会造成致命的后果。它们还用这种方式赶走天敌。

求偶季节同样也是相斗的季节，但有些鸟类的雄性个体见面就会争斗，如斗鸡和流苏鹬，壮年的野火鸡和松鸡类也是如此。更多时候，雌鸟是这些可怕战争的根源。

印度孟加拉的绅士们故意让梅花雀相斗。他们把三个小鸟笼排成一行，中间那只鸟笼关着一只雌鸟，两头各关着一只雄鸟。打开两只雄鸟所在的鸟笼，它们就会展开殊死搏斗。

如果许多雄鸟聚集在某一个约定的地点进行争斗，一般情况下都会有雌鸟在场。最后，雌鸟会和获胜的雄鸟交配。

即使是最好斗的物种，能获得雌鸟芳心的雄鸟也不完全依靠体力和勇气，装饰有时也能发挥巨大作用。雄鸟的装饰物在繁殖季节往往变得更鲜艳，再加上殷勤的谄媚，很多雌鸟就会动心。

除了装饰，雄鸟还会充满爱意地呼叫、鸣唱并进行滑稽的表演。虽然这些求爱方式费时费力，但是会刺激、吸引雌鸟。因此，对于雄鸟的追求，雌鸟既不会无动于衷，也不会被迫顺从。在雄鸟进行争斗之前或之后，雌鸟受到了雄鸟的刺激而被吸引也是有可能的。

有一位出色的观察家认为，雄性伞松鸡之间的争斗都是假装的，完全是为了吸引雌鸟而作秀。他从未见过受伤的伞松鸡，也未见过折断的羽毛。美国有一种狂热松鸡，多的时候约有20只公松鸡聚集在一起，个个气宇轩昂、昂首阔步、吵吵嚷嚷。一旦母松鸡有反应，公松鸡便开始猛烈地争斗，直到弱者不幸战败。这个时候，成功和失败的公松鸡都会追求母松鸡，因此母松鸡必须立即做出选择，否则争斗会再次进行。美国还有一种草地鹨，雄鸟之间争斗激烈，但是只要见到雌鸟，它们就会疯狂地追随而去。

# 声乐和器乐

## 声乐

鸟类用鸣叫表达感情，比如痛苦、恐惧、愤怒、胜利或单纯的欢乐。有时，鸟鸣声会令人感到惊恐，比如某些雏鸟发出的唑唑叫声。大多数鸟类都是在繁殖季节才发出真正的鸣唱或各种特别的声音，用以向异性献媚或召唤异性。

例如

●曾有一只夜鹭常常在猫靠近时先躲藏起来，然后突然跳出来，发出一种可怕的叫声。猫落荒而逃，它以此为乐。

●普通家养公鸡发现好吃的食物时就会咯咯地召唤母鸡，母鸡又会咯咯地召唤小鸡。母鸡下蛋时，一直重复"咯咯嗒"的声音，表达自己的欢乐之情。

●有些群居性的鸟类显然是为了寻求帮助而互相呼唤。它们从一棵树飞往另一棵树时，靠着喊喊喳喳的叫声互相呼应，从而保持鸟群的完整。在鹅类和其他水禽类夜徙期间，我们可以听到领头的那只在夜空中发出响亮的鸣叫声，跟随者们相继发声呼应。

●某些鸟类的叫声是一种危险信号，告知同伴出现了险情，这种情况下捕鸟人很可能空手而归。

●战胜竞争对手之后，家养公鸡会引颈长鸣，公蜂鸟则喊喊喳喳地鸣叫。

关于鸟类鸣唱的目的，博物学者的看法有很大分歧。有人观察得很细致，认为鸣禽类和许多其他鸟类的雄鸟一般不主动寻找雌鸟，而是停息在某一显眼的地点，放声高歌，吸引雌鸟主动选择配偶。有人告诉我，夜莺的情况就是如此。一个毕生养鸟的人认为，雌金丝雀 总是主动选择最善于鸣唱的雄鸟，雌燕

雀也会选择最令它愉悦且善于歌唱的雄鸟。毫无疑问，鸟类非常注意鸣唱。

●一只红腹灰雀通过训练学会了一支德国圆舞曲，因此身价涨至10个 基尼 。把这只鸟放进一间养着20只红雀和金丝雀的屋内并让它鸣唱，其他鸟全都站在各自的鸟笼里离这只红腹灰雀最近的地方，以极大的兴趣倾听它的鸣唱。

英国旧货币名。在当时，21先令等于1基尼，而20先令等于1英镑，所以基尼比英镑略大。

许多博物学者都认为，鸟类的鸣唱几乎完全是敌对和竞争产生的结果，而不是为了向配偶献媚。有人特别研究了这个问题，并提出了这样的见解。然而，善于鸣唱的个体比其他个体更有优势，捕鸟人就深谙这个规律。

雄鸟之间在鸣唱方面肯定有激烈的竞争。玩鸟的人经常比赛，看哪只鸟鸣唱的时间最长。有的鸟有时会一直鸣唱，直到坠地而死。有人认为这是鸟肺部的一条血管破裂导致的死亡。无论什么原因，雄鸟都有可能在鸣唱时死去。

当然，鸣唱的习性并不完全因爱情而起。有描述称，一只不育的杂种金丝雀在镜子里看到了自己的形象，接着就鸣唱起来，随后就朝着镜子里的自己猛扑过去。把它和一只雌金丝雀关在同一个笼子里时，它同样向雌鸟愤怒地发起攻击。

鸣唱会引起鸟的嫉妒，捕鸟人常常利用这一点捕鸟。他们通常把一只唱得好的雄鸟隐藏起来，同时把一只假鸟放在视线之内，再在周围放置涂上粘鸟胶的小枝。曾有人用这种方法在一天之内捉到了50多只雄性欧洲苍头燕雀，还有一次捉了70只。

鸟类在鸣唱能力和声音爱好方面的差异非常大，一只普通雄性欧洲苍头燕雀大约能卖6 便士 ，但有的捕鸟人声称

英国货币辅币单位。12便士等于1先令，20先令等于1英镑，所以240便士等于1英镑。

自己捕捉的鸟的声音更好听，要价3英镑多。把鸟笼放在鸟主人头上转动，如果鸟能继续鸣唱，就说明它是真的擅长歌唱。

雄鸟会因为竞争而鸣唱，也会因为向雌鸟献媚而鸣唱。这两者并不矛盾，甚至有时会合二为一。如果真是这样，那么鸟可能会同时表现出自己的好斗性和炫耀性。然而，某些人争辩，雄鸟的鸣唱不能迷惑雌鸟，金丝雀、知更鸟、百灵鸟和欧洲苍头燕雀的雌鸟在家养状态时不会被野鸟诱惑，而且雄鸟有时会不分场合地纵声唱出委婉动听的曲调。这样的习性可能是因为这些鸟被高度喂养和圈禁，扰乱了同物种之间的正常繁殖导致的。

之前我们已经举过很多例子，雄鸟的次级性征会部分地传递给雌鸟，所以某些雌鸟也具有鸣唱能力。有人争辩，雄鸟的鸣唱不是为了诱惑雌

性，因为 知更鸟 等物种的雄鸟在秋季也鸣唱。动物为了达到某种目的，会在某一时期产生某种行为，过了这个时期再有这种行为就是为了乐趣。我们经常能见到飞行自如的鸟类为了取乐而在空中滑行和翱翔。猫戏弄捉到的鼠，鸬鹚戏弄捉到的鱼，都是合适的例子。织布鸟被关进笼子里时，会在鸟笼的铁丝柱之间灵巧地编织草叶，以此自娱自乐。习惯于在繁殖季节相斗的鸟类在所有时期都时刻准备着进行战斗。雄雷鸟有时在秋季也会在集会的场地举行"巴尔森舞会"或"勒克斯舞会"。因此，雄性鸟类在求偶季节过后还继续鸣唱以自娱，是非常正常的事情。

如前所述，鸣唱在某种程度上是一种艺术，而且通过实践会大大提高水平。鸟类可以学会鸣唱各种不同的曲调，即使叫声难听的麻雀也能学着像红雀那样动听地鸣唱。有时，鸟类也可以模仿与自己生活在一起或周边的其他鸟类，并习得它们的鸣唱声。所有普通的鸣禽都属于燕雀类这一目，它们的发声器官要比大多数其他鸟类的发声器官复杂得多。然而，渡鸦、乌鸦和喜鹊等燕雀类也具有发声器官，却从不鸣唱。大多数鸣禽的雄鸟鸣唱起来要比雌鸟好听得多，而且鸣唱时间更长，但是雌鸟和雄鸟的发声器官却没有差别。有人断言，鸣禽雄鸟的喉肌比雌鸟的更有力。

值得注意的是，善于鸣唱的鸟类体形一般都比较小。澳大利亚的琴鸟属是个例外：

琴鸟属的鸟个头比火鸡略小，不仅能模仿其他鸟类鸣叫，而且自己发出的鸟鸣声也极其美妙而富有变化。其雄鸟集合起来组成"科罗伯瑞舞场"，边欢歌边舞蹈。它们垂下双翅，尾羽像孔雀那样高高举起。

同样值得注意的是，善于鸣唱的鸟类很少具有鲜艳的色彩或其他装饰物。以英国的鸟类为例，除了欧洲苍头燕雀和金翅雀，善于鸣唱的鸟色彩都比较平淡。德国佛法僧、戴胜、啄木鸟等鸟的叫声都十分刺耳，色彩鲜艳的热带鸟类也几乎都不善于歌唱。因此，鲜明的色彩和鸣唱能力似乎不可兼得。如果某种鸟类没有色彩鲜艳的羽衣，或者鲜艳的羽衣危及它们的生存，它们就会选择悦耳的声音这一手段进行弥补。

某些鸟类雌雄个体的发声器官差异很大。

例如

● 雄松鸡 在其颈部两侧各有一个无毛的橙色囊，这种囊在繁殖季节膨胀变大。在此基础上，雄鸟能发出奇妙且空洞的叫声，还能传递很远。这种叫声与囊结构紧密相关（如同

某些雄蛙在嘴的两侧各有一个气囊）。刺破一只鸟的囊，叫声会大大减弱；如果两个囊都被刺破，叫声则

完全丧失。雌鸟的颈部也有一块类似但稍小的皮，没有膨胀能力。

●一种细嘴松鸡的雄鸟求爱时，黄色的无毛食管会膨胀到身体的一半大。它能发出一种嘎嘎的声音，深沉而空洞。发声时，雄鸟会垂下双翅，竖起颈羽，像孔雀开屏般打开尾羽，高傲地走来走去。而雌鸟的食管则无任何特殊的地方。

●欧洲雄性大鸨以及其他四个物种的雄鸟都有大喉袋，但并非用来存水，而是在繁殖季节发出类似"喔克"的特殊叫声。

●南美有一种形似乌鸦的鸟，这种鸟头顶有一个羽毛组成的巨大顶结，如同一把雨伞，因而得名 伞鸟 。伞鸟头顶的羽毛竖起来就会形成一个大圆顶。这种鸟的颈部有一条长且细的圆筒状肉质附器，上面有一层厚厚的鳞片状羽毛。这个结构既是装饰物，也是一种回声器，与气管和发声器官的异常发育有关。雄性伞鸟发出深沉、高昂而持久的独特声音时，肉质附器就会膨胀起来。雌鸟的羽冠和颈部附器则处于残迹状态。

蹼足鸟类和涉禽类的发声器官都极为复杂，雌雄个体还存在一定程度的差异。在某些种类身上，气管像低音号那样呈盘旋状，并深深嵌入胸骨内。

●成年野天鹅雄鸟的气管嵌入胸骨的深度，大于成年雌鸟及幼鸟。

●雄秋沙鸭气管扩大部分具有一对附加的肌肉。

●斑点鸭雌雄鸟的骨质扩大部分几乎相当，但雄鸭稍微发达一点。

●有一种小鹤，其雌雄两性的气管均深陷胸骨中，但表现出了性别差异。

●雄黑鹳的支气管更长、更弯曲。

雄性鸟类在繁殖季节所发出的各种鸣叫声，有些用以魅惑雌鸟，有些用于召唤雌鸟。

●鸠和许多鸽类都会咕咕叫，这种温柔的叫声会让雌鸟愉悦。

●雌野火鸡早晨鸣叫时，雄鸟以另一种音调咯咯叫。除了鸣叫，雄鸟还会竖起羽毛，鼓起肉垂，沙沙地抖动翅膀，故意噗噗喷气，并在雌鸟面前阔步前行。

●雄黑松鸡的鸣叫肯定用来召唤雌鸟。曾有一只关在笼子里的雄鸟鸣叫着召唤来了四五只雌鸟。一连很多天，雄黑松鸡每次鸣叫都持续数小时，且激情满满。我们猜测前来的雌鸟被迷住了，同时也使雄鸟更富激情。

●普通秃鼻乌鸦在繁殖季节会改变叫声，这属于性征变化。

某些种类的金刚鹦鹉能发出刺耳难听的叫声，我们该如何解释这种情况呢？它们的声音鉴赏能力很差，对色彩的欣赏水平也不高，羽毛呈鲜黄色和蓝色，两种颜色很不协调。这样的叫声可能不会为它们带来好处。很多雄性鸟类高声鸣叫可能是因为受到了爱情、嫉妒、愤怒等情感的刺激，因而连续使用发声器官，并将发生的变异遗传给后代。关于这一点，我们在后面的四足兽部分继续讨论。

## 器乐

到目前为止，我们所谈论的只是鸟类的发声。除此之外，有些鸟类的雄鸟在求偶期间还会发出其他声音，这类声响都可称为器乐。

例如

●孔雀和极乐鸟收拢羽根时会咯咯作响。

●雄火鸡以翼擦地，发出沙沙声。

●松鸡的某些种类也用翼擦地发声。

●伞松鸡竖起尾羽时，其颈羽立即张开，向藏在附近的雌鸟夸耀自己的美色。这时的伞松鸡还会用双翼击打背部而发出鼓声。有些人形容这种声音像远方的雷声，还有一些人则把它比作快速擂鼓之声。雌鸟从不发出鼓声，但会径直飞往雄鸟发出这种声音的地方。

●喜马拉雅山区的雄黑鹛抖动翅膀时会发出抖动硬布块般的声音。

●非洲西海岸的小型黑色织布鸟常常成小群地聚集在一起，在灌木丛中的小块地上边唱边抖动双翅在空中滑翔，发出小孩子学话般的声音。求偶季节，织布鸟会一只跟着一只表演，时间长达数小时。

●某些欧夜鹰属的雄鸟只在求偶季节才用双翅奏出一种奇特的隆隆声。

●啄木鸟类都用喙迅速敲击树枝来发出一种响亮的声音。它们的敲击动作非常快，有时快到让人看不清楚它们的头在哪里。这种声音可以传到很远的地方，第一次听到的人都找不到声源在哪里。这种刺耳的声响主要是在繁殖季节发出，因而人们将之视为爱情之歌。严格来讲，这属于一种爱情的呼唤。如果人为把雌鸟从巢里赶出来之后，雌鸟就用这种方式呼唤其配偶，雄鸟以同样方式应答并很快出现在雌鸟面前。

●雄戴胜鸟会把声乐和器乐结合起来。在繁殖季节，这种鸟先吸一口气，然后用喙垂直地在一块石头或一棵树干上轻轻敲击。敲击时，它使劲呼气，气流从管状的喙呼出来，于是就产生了鸣叫声。如果不用喙敲击某些物体，所发出的声音就完全不一样。鸟喙敲击的同时吸进了空气，食管也因此膨胀，充当回声器。除了戴胜，鸽类和其他鸟类也都是如此。

通过上述事例，我们可以看到，声音的产生需要借助身体现有的构造。接下来的例子则证明，为了演奏器乐，某些鸟类的羽毛也发生了变异。

●普通丘鹬发出的声音令人惊奇，不同的人对这种声音有不同的描述，如鼓声、羊叫声、马嘶声或雷鸣声。这种鸟在交配季节的飞行高度达300米，它们弯弯曲曲地飞行一会儿之后，就展开尾羽，抖动着双翼，沿曲线飞速降落到地面上。降落速度如此之快，以至于发出的响声十分巨大。这种鸟

的尾部两边的 外侧羽毛 构造特殊，马刀形的羽轴十分坚硬，上面的斜羽枝极长，羽枝外侧的短毛紧紧结合在一起。吹动这些羽毛，或把

它们牢牢绑在一根长而细小的棍上，迅速在空中挥动，就可以发出那种声音。雌鸟和雄鸟都具有这种羽毛，但雄鸟的羽毛更大，因此发出的声音更深沉。

●马缰丘鹬尾部两侧各有4支 羽毛 在很大程度上发生了变异；爪哇丘鹬尾部两侧至少有8支 羽毛 发生了较

大变异。将它们的羽毛在空中挥动，就会发出不同的音调。

●美国的韦氏丘鹬迅速降落时，会发出如挥动鞭子般的声音。

●美洲的单色镰翅冠雉，雄鸟的第一初级翼羽顶端弯曲，且比雌鸟细很多。美洲还有一种与之亲缘相近的鸟，雄鸟在往下飞时会展开翅膀，发出一种冲击折断之声，就像一棵树轰然倒下一样。

●印度的耳鸨只有雄鸟翅膀上的羽毛才会变尖。与之亲缘相近的一个物种的雄鸟追求雌鸟时，会发出嗡嗡的声响。

●在蜂鸟群体中，某些种类雄鸟的羽轴膨大，或者羽枝在尖端处变细。亮羽蜂鸟的雄鸟成年以后，其 初级翼羽 的顶端变细。它在花丛中飞来

雄鸟

雌鸟

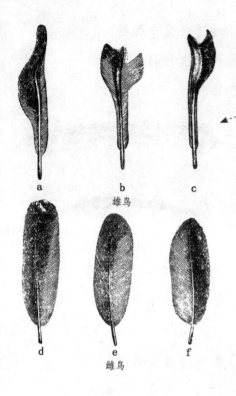

a

b
雄鸟

c

d

e
雌鸟

f

飞去，发出一种类似口哨声的尖锐声音。

●美洲燕雀类小鸟中的娇鹟属有几个物种，雄鸟的 次级翼羽 发生了明显变异。其中有一个色彩鲜艳的品种，第一次级翼羽中有3支羽茎变粗，并朝身体方向弯曲，第四和第五支次级翼羽的变化更大，第六和第七支次级翼羽的羽轴则在很大程度上加粗，且形成一个坚固的角质块。而雌鸟的羽枝却没有这些变化。雄鸟身上支撑这些羽毛的翼骨也粗了不少。这种小型鸟类能发出一种尖锐、响亮的声音，如同抽鞭子的噼啪声。

许多雄鸟在繁殖季节会利用各种方法发出多种多样的声乐和器乐声，这引起了我们的高度关注，我们也进一步认识了它们的重要用途。依据昆虫类的发展，我们可以大体明确鸟类发声所经历的步骤。它们的发声最初仅是一种召唤或用于某种特殊目的，继而进化成一种有旋律的爱情歌唱。一些鸟类会用变形的羽毛发出鼓声、口哨声或轰鸣声，一些鸟类在求偶期间会拍击、抖动未变形的羽毛或使它们发出嘎啦嘎啦的声音。如果雌鸟会选择最优秀的表演者，那么身体任何部分具有最坚固、最厚密或最尖细的羽毛的雄鸟，就会最先被选中。按照这种趋势，羽毛的改变就会得到选择。当然，雌鸟不会注意到羽毛性状的变化，只是注意到由此所产生的声音变化。在鸟类这一大纲中，不同鸟类发出的声音各不相同，却都能取悦雌鸟。像前面所讲的那样，鹬的尾巴发出的鼓声、啄木鸟的喙发出的敲击声、某些水禽发出的喇叭声、斑鸠的咕咕声、夜莺的歌唱，都是为了取悦雌鸟。

鸟类发出的声音各有不同，我们不能用同一标准衡量不同物种的欣赏能力，也不能用人类的欣赏水平去评判。正如不同的人有不同的口味，不同的耳朵也喜欢不同的声音。

# 求爱的滑稽表演和舞蹈

在前面的描述中，我们已经顺带提到了一些鸟类奇特的求爱姿态，这里不再重复。

例如

●北美的尖尾松鸡在繁殖季节的早晨成群地聚集在某处平地，沿着直径约4.5米或6米的圆圈奔跑，把地面踩得光秃秃的，从上往下看就像一个蘑菇。猎人称此为石鸡舞。参与这种舞蹈的雄鸟表现奇特，它们围着圆圈跑，但有些沿顺时针，有些沿逆时针。

●公苍鹭在母苍鹭面前迈着长腿威严地走来走去，对其竞争对手不屑一顾。

●一种吃腐肉的兀鹫，雄性在求爱季节开始时的姿态及炫耀方式都极其滑稽可笑。

某些鸟类在飞行中而不是在地面上做出求爱的滑稽表演。

例如

●每逢春天，英国小白喉雀常在某些灌木上空几米高的地方飞翔。它们一边鸣叫一边怪异地拍打着翅膀，最后落到树上。

●英国大鸨追求雌性个体时的奇特姿态，让人难以形容。与之亲缘相近的孟加拉鸨在求偶期间会焦急地拍打双翅，直直地飞入空中，竖起羽冠，鼓起颈羽和胸羽，最后径直落地。它们重复表演好几次，同时哼出一种特殊的声调。不远处的一些雌鸟听到了这种召唤就会飞过来。看到雌鸟之后，雄鸟就像雄火鸡那样拖着双翅，展开尾羽。

●最显著且奇特的例子是澳大利亚的 造亭鸟 ，它们无疑是某些古代物种的共同后裔。这些物种最先获得了造亭的奇异本能，以进行求爱的滑稽表演。它们把亭子建在地面上，用羽毛、贝壳、骨头和叶子装饰，唯一的用途便是求偶。雄鸟担任主力，先搭好亭子，雌鸟之后会完善。这种鸟在圈养条件下也保持着建亭子的习性。

斯特兰奇先生在新南威尔士一间鸟舍里养了一些萨丁造亭鸟。雄鸟总是在鸟舍里到处追逐雌鸟，然后向亭子飞去。它会啄起一根华丽的羽毛或一张大的叶片，发出一种奇异的叫声。它也会把全身的羽毛竖起来，绕着亭子奔跑。这时的雄造亭鸟异常激动，双眼好像就要从头部迸出。它不断地举起一扇翅膀，然后再举起另一扇，发出一种低沉的哨声。它还像家养的公鸡那样，一直从地上啄食，直到把雌鸟吸引过来。

斯托克斯船长描写过大型造亭鸟的习性及其"游戏室"。他见过这种鸟飞前飞后，雌鸟和雄鸟轮流从亭子的一边把贝壳衔起，并用嘴把它带过拱道，借此以自娱。由此可见，雌雄造亭鸟都喜欢这么玩，并进行求偶。筑巢对于这种鸟而言是一项艰巨的任务。据说一个胸部为淡黄褐色的种类造出来的亭子，长度近1米，高度近半米，坐落在厚厚的树枝所铺成的平台上。

# 装饰

下面我要讨论的是，雄鸟专有的装饰物，或者装饰程度远远强于雌鸟的情况。

鸟类的天然装饰物也如同未开化的人类一样，主要集中在头部。鸟类头部的装饰物极其丰富。头的前部或后部有不同形状的羽饰。这些羽饰有时能竖起来或展开，使漂亮的色彩一览无余。有些鸟的耳孔周围偶尔生出漂亮的簇毛。头部有时像雉那样布满天鹅绒般的柔毛，有的则裸露无毛却具有生动的色彩。鸟的喉部有时会装饰着长羽、垂肉或肉瘤。这些附器在人类眼中也许不具有装饰性，但是它们一般都色彩鲜明，可见还是用来装饰。雄鸟向雌鸟求偶时，这些附器往往会胀大并呈现生动的色彩，就像雄火鸡那样。

例如

●求偶期间，雄角雉头部周围的肉质附器会膨胀，成为一个大垂肉和两只角。这两只角分别位于漂亮顶结的两边。这时，这些附器呈现出蓝色，其鲜艳程度实属罕见。

●雄非洲犀鸟求偶时会鼓起颈部的深红色囊状垂肉，低垂双翼并展开尾羽，十分美丽。雄鸟的眼球虹膜有时也比雌鸟的颜色更为鲜艳。还有一种犀鸟，雄鸟的整个喙和巨大的头部装饰色彩都比雌鸟更明亮，而且下颚两侧还各有一道斜沟。

此外，鸟头部往往还有肉质附器、丝状物以及坚固的凸起物。这些附器要么是雌雄个体共有，要么是雄鸟独有。这些坚固的凸起物由包在皮里面的松质骨形成，或者由上皮组织和其他组织形成。哺乳动物的真角全部生在额骨之上，但是鸟类的骨都很奇特。在属于同一类群的各个物种中，这种凸起物可能具有骨髓，也可能完全没有，还有很多物种介于这两个极端之间，有一系列的中间级进。因此，种类最不相同的变异通过性选择的作用产生了类似的附器。

鸟身体各个部分的羽毛都能延长成羽饰。喉部和胸部的羽毛有时发展成美丽的轮状绉领和项圈，尾羽常常变得更长。

例如

●除了羽毛，孔雀的尾骨也发生了改变，以支持沉重的尾羽。

●大眼斑雉的个头和家鸡差不多，但它从喙端到尾端的长度却能达到1.6米。它的次级翅羽上点缀着美丽的眼斑，差不多有1米长。

●有一种非洲小型夜鹰，体长仅有25厘米，最长的初级翼羽在繁殖季节能达到66厘米。有一种与之亲缘相近的夜鹰，其翅羽的羽干更长，全部裸露无毛，末端是圆盘状的羽毛。此外，还有一种夜鹰的尾羽极其发达，令人瞠目结舌。

一般来说，尾羽的延长程度远远大于翼羽，因为翼羽过长会阻碍飞翔。通过这些例子，我们能看出，在亲缘密切的鸟类中，雄鸟通过各自的羽毛发育路径，获得了相同效果的装饰物。

我们还发现了一个奇妙的事实：亲缘关系相差较远的物种，羽毛却按照几乎完全一样的特殊方式演化。

例如

●一种夜鹰翼羽的羽干裸露无毛，只有末端才有圆盘羽毛，有时人们称之为勺状羽毛或球拍状羽毛。这种羽毛在摩特鸟、鱼狗、燕雀、蜂鸟、鹦鹉、几种印度庄哥鸟，以及某些极乐鸟的尾部也会出现。极乐鸟的头部也装饰着相似的羽毛，羽毛上有美丽的眼斑。某些鹑鸡类也有这种情况。有一种印度耳鹎耳簇的羽毛约10厘米，其末端也有圆盘羽毛。在这些事实中最奇特的是，摩特鸟不断啄去羽枝使尾羽呈球拍状。这种自残行为在某种程度上来自遗传。

此外，在各种鸟类群体中，某些苍鹭类、彩鹳类、极乐鸟类以及鹑鸡类的羽枝均呈丝状或羽毛状。甚至在某些情况下，鸟的羽枝消失了，整个羽干裸露无毛。

●阿波达极乐鸟尾部的裸羽羽干长达0.9米。

● 巴布亚极乐鸟 的裸羽羽干就要短得多，而且细得多。这种没有羽枝的小羽毛看起来就像火鸡胸部的鬃毛一般。

人类赞赏美丽多变的时装，雌鸟同样赞赏雄鸟羽毛在构造或色彩上的变化。在各种不同的类群中，羽毛按照相似的方式发生改变，主要是因为所有羽毛都具有几乎相同的构造和发育方式，因而具有按照同样方式发生改变的倾向。在不同物种的家养品种中，我们常常能发现羽毛有一种发生相似变异的倾向。

●若干物种都生有顶结。有一个已经绝灭的火鸡变种，其顶结是由裸露无毛的翮形成的。头部顶端还有柔软的绒羽，与上述球拍状羽毛有些类似。

●在鸽和鸡的某些品种中，羽毛呈丝状，羽干有某种裸化的倾向。

●塞瓦斯托波尔鹅的肩羽极大地延长了，而且蜷曲，甚至呈螺旋状，边缘较短。

我们都知道，鸟类羽毛的色彩华丽多样，而且搭配协调。鸟羽的颜色往往还具有金属和彩虹的光泽。羽毛圆点周围有时环绕着一层或多层浓淡不同的色带，因而变成了眼斑。雌鸟和雄鸟在颜色方面的巨大差异，看看普通孔雀就能了解。雌极乐鸟的色彩暗淡且没有任何装饰物，而雄极乐鸟大概是所有鸟类中装饰物最豪华的，令人叹为观止。

●阿波达极乐鸟双翼下有金橙色的长羽毛。它的羽毛竖起并抖动翅膀时，就好像形成了一种太阳晕轮。头部位于中间，看上去就像一个绿玉小太阳，羽毛形成了太阳周边的光线。

●有一个美丽的物种，虽然头上无毛，但具有一种鲜艳的钻蓝色，天鹅绒般的黑色羽毛从两侧横穿交错。

- 雄蜂鸟也非常美丽，几乎与极乐鸟不相上下。

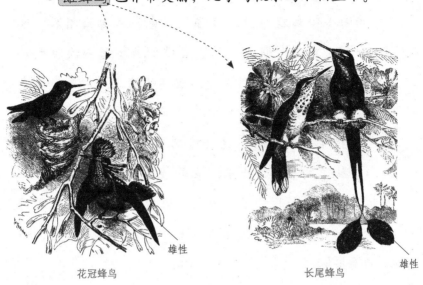

雄性

花冠蜂鸟

雄性

长尾蜂鸟

　　值得注意的是，不同鸟有不同的装饰方法。它们的羽毛得到了最充分的利用，并且在进化过程中发生了变异。在有些亚群中的种类里，这种变异非常极端，令人惊奇。人类为了装饰而培育出来很多观赏品种，与上述情况类似。某些个体最初在某一性状上发生了变异，而同一物种的其他个体则在其他性状上发生了变异。人类根据这些不同的变异，将它们极大地加以扩充，由此培育出新种类，如扇尾鸽的尾羽、毛领鸽的羽冠、信鸽的喙和垂肉等。这些变异的不同点在于，按照人类的喜好产生的变异是人类选择的结果，蜂鸟类、极乐鸟类等变异则是由于雌鸟选择了比较美丽的雄鸟的结果。

●南美铃鸟以雌雄二者强烈的色彩差异而闻名。远在5千米左右，人们便可辨别其鸣叫声。第一次听到其鸣叫声的人，无不感到惊奇。该鸟的雄鸟呈白色，雌鸟呈暗绿色。在中等大小和没有侵害习性的陆栖物种中，白色是很罕见的色彩。这种雄鸟有一个8厘米左右的螺旋形管从喙的基部伸出来，管的颜色漆黑，点缀着微细的绒毛。此管和腭相通，充气的时候会膨胀，不膨胀时则挂在一边。这个属包含四个物种，雄鸟各不相同，雌鸟都很相似。

从这个例子中，我们能得到有关共同规律的事实：在同一类群中，雄性个体之间的差异远远大于雌性个体。

有些成年雄鸟的彩色羽衣及其他装饰物可以保持终生，还有一些雄鸟会在夏季和繁殖季节定期更新羽衣。在繁殖季节，雄鸟的喙及头部周围的裸皮也常改变颜色，某些苍鹭类、鹳类、鸥类以及刚刚提到的铃鸟都是如此。

羽衣的季节性变化主要包括：

第一，每年两次换羽；

第二，羽毛自身色彩的实际变化；

第三，暗色羽毛边缘的周期性脱落。

有些鸟只有一种变化，有些鸟则会发生两种或三种变化。暂时性羽毛边缘的脱落与幼鸟绒毛的脱落相似，因为绒毛长在第一真羽的顶端。

每年两次换羽的鸟类可分为以下五种：

第一，雌雄个体差异很小，且无论什么季节都不改变毛色，如鹬类、燕鸥类和杓鹬类。我虽不确定它们的冬羽是否要比夏羽更厚、更暖和，但既然羽毛颜色不改变，那么每年换两次羽毛的目的就是保暖。

第二，雌雄个体相似，但冬羽同夏羽稍有差异，如红脚鹬和其他涉禽类。冬羽和夏羽的差异十分轻微，可能是季节环境的作用，因为大的改变几乎不会给它们带来任何益处。

第三，雌雄个体相类似，但夏羽和冬羽则大不相同。

第四，雌雄个体在色彩上彼此不同。雌鸟虽然一年换两次羽毛，但整年都保持着同样的色彩，而雄鸟则经历色彩的变化，如某些雄性鸨类的色彩变化就很大。

第五，雌雄个体无论夏羽和冬羽都彼此不同，但雄鸟在每个季节里所经历的色彩变化比雌鸟大得多，如流苏鹬。

鸟的夏羽和冬羽颜色不同，或许是为了在两个季节中都能自我保护，雷鸟就是这样。如果夏羽和冬羽差异甚微，则可能是生活条件直接作用的结果。对许多鸟类来说，夏羽都发挥了装饰的作用。雌雄个体差异很小的物种也是如此。苍鹭类、白鹭类中的大部分品种都属于这种情况，它们只在繁殖季节才获得美丽的羽饰。这些羽饰、顶结等，虽为雌雄个体所同时具有，但有时雄性个体的更发达，而且羽饰和装饰物与其他鸟类雄性个体所具有的类似。我们还知道，圈养会抑制雄鸟次级性征的发育，但对其他性征没有直接影响，因此会影响雄鸟的生殖系统。动物园中圈养的漂鹬常年保持冬羽，没有任何装饰。据此我们推论，许多鸟类的雌雄个体虽然都具有一样的夏羽，但这些特质无疑都来源于雄性。

有些鸟类的雌雄个体每次换羽都不改变色彩；有些种类则在换羽时只轻微改变色彩，没有实际作用；还有些种类的雌性个体虽然换羽两次，但不改变色彩。根据这些事实，我们可以断定，鸟类所获得的每年换羽两次的习性，并非为了雄鸟在繁殖季节出现装饰性状，而是为了某种不同目的而获得的，后来在某种情况下偶然用于求偶，并保留下来。

某些亲缘相近的物种有规律地经历每年两次换羽，而其他物种一年只换一次。这种现象很奇特。

●雷鸡每年换羽两次甚至三次。

●黑琴鸡每年仅换羽一次。

●印度某些色彩华丽的花蜜鸟类、太阳鸟类以及色彩暗淡的鹦类每年换羽两次，而其他鸟类每年仅换羽一次。

根据已知各种鸟类换羽方式的级进，我们了解到鸟类最初是怎样获得了每年两次换羽的习性，也知道了它们怎样一度获得了这种习性而后又失掉了。某些鸻类和鹬类的春季换羽并不完全，有些羽毛更新了，有些羽毛只是改变了颜色。我们还发现，在正常换羽两次的某些鸻类和形似秧鸡的鸟类中，有些较老的雄鸟整年保持婚羽不变，春季可能只在羽毛中增添少数高度变异的羽毛。某些印度卷尾鸟的圆盘形尾羽，以及某些苍鹭背部、颈部、胸部上的延长羽毛，也是如此。按照上述这些不同程度的变异，婚羽的脱换是逐渐完全的，最后所有的羽毛都换掉，而且一年换两次。有些极乐鸟类整年保持婚羽，这样就仅换羽一次；另外一些极乐鸟类在繁殖季节过后婚羽就立即脱落，这样就进行两次换羽；其他极乐鸟类的婚羽只在第一年的繁殖季节脱落，此后不再脱落。换羽两次的大多数物种能保持6个月左右的装饰性羽毛。然而，雄性野生原鸡颈部长羽则保持9个月或10个月。这些羽毛脱落后，就露出黑色颈羽。这个物种被家养之后，雄鸟的颈部长羽很快就被长出的新羽毛替换，使羽衣由两次脱换变为一次脱换。

有些雄鸟的色彩在春季变得更为鲜明，并不是因为它们在春季换羽，而是由于羽毛颜色发生了实际变化，或者是色彩暗淡的羽毛边缘暂时脱落了。这种方式引起的色彩变化持续的时间长短不一。

例如

- 在春季，白鹈鹕的全部羽衣都具有美丽的玫瑰色彩，胸部有柠檬色的斑点。这种颜色保持时间不长，一般维持6周到2个月。
- 美国的暗色燕雀和许多美国其他的物种一样，冬季过后才呈现鲜明色彩。

●英国金翅雀，以及在构造上同这种鸟接近的英国黄雀，则不经历这样的换羽变化。亲缘接近的物种在羽衣上有这种差异也不足为奇。同一科的普通红雀，在英国只有夏天前额和胸部才呈现鲜红色，而在马德拉，这种色彩则可保持全年。

## 自我炫耀

无论是永久性还是暂时性的装饰物，雄鸟都会乐此不疲地炫耀。它们的炫耀行为，显然是为了刺激、吸引或魅惑雌鸟。雌鸟不在场时，有些雄鸟也会自我炫耀，如松鸡类有时会在"巴尔兹舞场"炫耀，孔雀也有这种情况。尽管如此，孔雀总是渴望有观众欣赏它的美丽，它甚至会在家禽和猪面前自我炫耀。密切观察过鸟类的专家都认为，自然状态下及家养条件下的雄鸟都乐于自我炫耀。

印度森林里出现了极其壮观的场面：二三十只雄孔雀纷纷炫耀自己美丽的尾羽，得意扬扬地来回踱步，雌孔雀们心花怒放。

野生雄火鸡竖起灿烂的羽毛，展开具有精美轮纹的尾羽和具有条纹的翼羽，再加上艳红色和蓝色的垂肉。虽然模样有些怪异，但它们却自认为这是最美的装扮。

雄性 美洲巨冠黄鸟 是世界上最

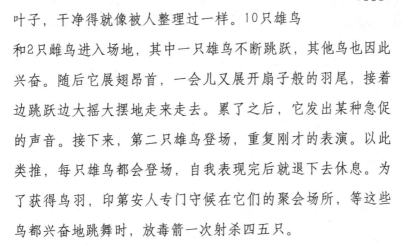

美丽的鸟类之一，华丽的橙色羽毛
独一无二，有些羽毛的形状也很
奇特。雌鸟为褐绿色，身披红晕，
羽冠比雄鸟小很多。它们在直径为
1～1.5米的场地里求爱，那里没有一片
叶子，干净得就像被人整理过一样。10只雄鸟
和2只雌鸟进入场地，其中一只雄鸟不断跳跃，其他鸟也因此
兴奋。随后它展翅昂首，一会儿又展开扇子般的羽尾，接着
边跳跃边大摇大摆地走来走去。累了之后，它发出某种急促
的声音。接下来，第二只雄鸟登场，重复刚才的表演。以此
类推，每只雄鸟都会登场，自我表现完后就退下去休息。为
了获得鸟羽，印第安人专门守候在它们的聚会场所，等这些
鸟都兴奋地跳舞时，放毒箭一次射杀四五只。

极乐鸟类也会聚集在树上举行舞会。它们羽翼丰满，通
常有12只左右参会。它们高举双翼，竖起优美的羽毛，扇着
翅膀飞来飞去。在这期间，整棵树好像充满了飘动的羽毛。
舞会进行时，它们个个凝神专注，好的射手能将它们一网打
尽。它们十分注意保持羽毛的整洁，常常伸开羽毛自我检
查，并清理掉所有脏东西。

金雉和云实树雉在求偶期间不仅展开、抬高华丽的颈

羽，还会扭曲颈羽并使之斜对着雌鸟。无论站在哪里，雄鸟都会这么做，有时还会把美丽的尾羽和尾覆羽转向雌鸟，显然是想在雌鸟面前全方位炫耀自己。

雄 孔雀雉 的尾羽和翼羽都有美丽的眼斑，就像孔雀尾羽上的眼斑那样。雄孔雀雉自我炫耀时，会展开并竖起尾羽，使其与身体垂直。这样做是为了在雌鸟面前同时展示鲜蓝色的喉部和胸部。

团花雉胸部的色彩暗淡，眼斑并不限于尾羽才有。团花雉见到雌鸟之前就略微抬高并展开尾羽，把对着雌鸟那边的翅膀展开并低垂下来，而把另一边的翅膀高举起来。摆出这个姿势，雌鸟就能看到它全身的眼斑。无论雌鸟往哪个方向转，雄鸟张开的双翼羽和斜举的尾羽也会随之转动。雄红胸角雉的行为也几乎一样，虽然它不展开翼羽，却把向着雌鸟那一方的躯体上的羽毛竖起，充分展示自己具有美丽斑点的羽毛。

大眼斑雉 只有雄鸟才有极为发达的次级翼羽，每根翼羽上都有20～30个直径为2.5厘米以上的眼斑排成一行。这些羽毛还具有雅致的斜条纹和成行的暗色斑点，犹如把虎皮和豹皮上的纹彩结合起来一样。这些美丽的装饰物平时隐而不露，雄鸟在雌鸟面前自我炫耀时便一览无余。这时，雄鸟竖起尾羽并把翼羽展开，像一把几乎笔直的大圆扇或一面大盾牌，直立在身体前方。它的颈和头均保持在一边，被大圆扇遮住。这种雄鸟为了能看见雌鸟，有时会把头从两支翼羽之间伸出去，样子十分怪异。

翼羽上的眼斑是一种不可思议的装饰物。眼斑颜色的搭配如此合宜，它们形状凸出得就像置于球穴中的一只球。我在大英博物馆看到过一个带有眼斑的标本，这具标本两翼展开，向下垂放，但眼斑扁平，甚至凹陷，这令我感到失望。而自然状态下，雄鸟竖起羽毛自我炫耀时，光线从上方照射下来，各个眼斑都会产生立体效果。

讨论完次级翼羽的情况，我们再来说一说初级翼羽。

在大多数鹑鸡类中，初级翼羽色彩一致。大眼斑雉具有大量褐色以及暗黑斑点，每个斑点都是由2～3个小黑点组成的，周围有一圈暗黑环带。有一块白色区域与暗蓝色羽干平行，由真羽之内的次级羽毛形成，成为大眼斑雉的主要装饰物。里层部分呈现较淡的栗色并有微小的白点密布其上。一般情况下，这些羽毛隐而不现，当它们和长长的次级羽毛一起全部展开而形成一把大扇或一面盾牌的时候，才充分显示出来。

雄大眼斑雉那无与伦比的美丽极可能是一种性的诱惑。在雄鸟求偶之前，次级翼羽和初级翼羽完全不显露，各种美的装饰也很少显露。大眼斑雉的色彩并不鲜艳，巨大的羽型及优雅的样式有助于求偶成功。许多人都认为，雌鸟没有欣赏艳丽色彩及多彩样式的能力，其实它们具有近乎人类水平的鉴赏力。这虽令人觉得不可思议，但确实如此。如果雌大眼斑雉不能欣赏这种美，那么雄鸟在求偶活动中表现出异常姿势，进而充分显示其非常美丽的羽衣，是毫无目的的行为。对这种观点，我不能苟同。

众多雉类以及亲缘接近的鹑鸡类，雄鸟都不厌其烦地在雌鸟面前炫耀羽衣，但是也存在例外情况。颜色暗淡的蓝马鸡和欢乐雉似乎知道自己没有多少美色，因此不会自我炫耀，这两个物种的雄鸟也从不争斗。另外，拥有艳丽色彩或明显特征的雄鸟比同一类群中那些色彩暗淡的个体更喜欢争斗，如金翅雀就远比红雀好斗，乌鸫也比画眉好斗。羽衣发生季节性变化的那些鸟类在其装饰最华丽的时候变得更加好斗。某些颜色暗淡的鸟类虽然也会进行殊死战斗，但性选择发挥作用并具有鲜明色彩的雄鸟，好斗的倾向往往更加强烈。既具备鸣唱的能力，又有灿烂色彩的雄鸟极其罕见，但这两方面都能成功地吸引雌鸟。尽管如此，一些羽毛美丽的雄鸟，为了发出器乐演奏的声音，羽毛也发生了某种特别的变异。虽然它们发出的声音不如鸣禽类的声音美妙，但是也能发挥一定作用。

没有丰富装饰物的雄鸟，在求偶期间仍然会尽己所能地展示自我。很少有人注意这类鸟，但它们更为有趣。


韦尔先生长期养鸟，他为我提供了大量有价值的记录。

见到雌鸟时，红腹灰雀会鼓起胸部，充分展示艳红色的羽毛。与此同时，它还低垂着黑色尾巴，从这一边扭转到那一边，样子滑稽可笑。欧洲苍头燕雀也会在雌鸟面前展示红色胸部，并微微张开双翼，肩部的纯白带斑显露无遗。普通红雀则是鼓起玫瑰色胸部，微微张开褐色的双翅和尾部，将这些羽毛的白色边缘充分显露出来。有些鸟类的翅膀并不漂亮，所以我们不能断定鸟展开翅膀都是自我炫耀。家养雄鸡的情况就是这样，它们的翅膀擦着地，朝着雌鸡展开。雄金翅雀的双翅十分美丽，肩部呈黑色，翼羽上散布着白色斑点，尖端也是黑色，边缘为金黄色。当它向雌鸟求偶时，躯体摆来摆去。随着身体的摆动，它会迅速将略微张开的双翅先转到一边，然后再转到另一边，于是产生了金光闪闪的效果。

韦尔先生曾经养过澳大利亚环喉雀的两个种类，其中一种是体形很小且色彩朴素的燕雀类，具有白色臀部、黑色尾巴以及漆黑的尾上覆羽。覆羽的每根羽毛上都有三个显著的椭圆形白色大斑点。向雌鸟求偶时，雄鸟会张开尾巴上的覆羽，以奇特的方式左右摇晃。另一种则有不同的行为，雄鸟会向雌鸟展示具有鲜艳斑点的胸部、猩红色的臀部及尾上的覆羽。

现在已经有了足够的事实，证明雄鸟会费尽心机且轻车熟路地展示自己的魅力。它们用嘴梳理羽毛时，就会抓住机会自我欣赏并学习如何最大程度地展示自己的美。同一物种的所有雄鸟都以一样的方式来显示自己，这种自我炫耀行为最初也许出于有意，以后就变成了本能。所以，鸟类的自我炫耀是存在的。孔雀总喜欢抖动着五彩的大尾巴，大摇大摆地走来走去。它是骄傲自满、自以为是的最典型代表。

在某种情况下，鸟类的装饰物会极大地阻碍飞行与奔跑，所以只有装饰物带来的利益更大，才能得以保留。

●非洲夜鹰飞行速度极快，但在交配季节，一支初级翼羽会发展成很长的飘带，大大降低了飞行速度。

●雄大眼斑雉的次级翼羽非常笨重，它因此飞不起来。

●遇到大风天气，雄极乐鸟的美丽羽毛会让它寸步难行。

●南非的雄黑羽长尾鸟拖着长长的尾羽，因此飞行得很吃力。尾羽脱落后，它们就能像雌鸟一样轻装上阵，展翅飞翔。

鸟类总是在食物丰富时繁殖，因此行动不便的雄鸟寻找食物时也不会遇到很多困难，但是更容易成为猛禽的盘中美味。拖着长尾巴的孔雀和大眼斑雉行动不便，更容易被四处觅食的猞猁捕获。许多雄鸟的鲜明色彩也使它们更容易被各种天敌发现。因此，这类鸟大概都具有一种胆怯的性情。它们似乎意识到了自己的美就是危险的根源，所以雌鸟和幼鸟都变得颜色暗淡、性情较为谨慎。

某些雄性鸟类具有战斗的特殊武器，它们常常互相残杀。如果它们还有装饰，就会为此吃尽苦头。斗鸡被剪掉颈部纤毛，割去肉冠和垂肉之后，才成为真正的斗鸡。未经过修理的斗鸡毫无优势，肉冠和垂肉容易被对手啄住而失败。雄斗鸡总是不断袭击它啄住的地方，一旦啄住对手，就会把对手完全控制在自己的力量之下。即使未去掉装饰的雄斗鸡侥幸存活，它的失血量也比真正的斗鸡多很多。也许有人会反对说，肉冠和垂肉并不是装饰物，因而没有多大用处。事实并非如此。雪白的脸和鲜红的肉冠会让光泽闪闪的黑色雄性西班牙鸡更加神气。雄红胸角雉在求偶时会鼓起华丽的蓝色垂肉，其美艳程度不言而喻。我们已经清楚地知道，雄鸟的羽饰以及其他装饰物对它们至关重要，其重要性甚至超过了战斗的胜利。

# Chapter 6

鸟类的第二性征（续）

如果雌鸟和雄鸟在外表、鸣唱能力及器乐运用方面有差异的话，一般总是雄鸟更加出色。显而易见，这些属性对雄鸟也更加重要。一般而言，这些属性总是在繁殖季节以前出现。雄鸟竭尽全力展示种种魅力，并常在地面或空中进行奇怪的滑稽表演，以吸引雌鸟注意。每只雄鸟都全力作战，把竞争对手赶走，甚至置对方于死地。所有仔细研究过鸟类习性的人都认为，为了使雌鸟与自己交配，雄鸟会利用各种方法刺激、魅惑雌鸟。

这里有一个问题有待解决：同一物种的每只雄鸟是否能同等地刺激和吸引雌鸟呢？换言之，雌鸟在选择雄鸟时是否有偏爱呢？对于后面这种说法，我们可以通过许多直接的和间接的证据得到肯定的回答。我们无法明确地知道，究竟是哪些属性影响雌鸟的选择，但有直接和间接的证据可以证明，雄鸟的外表在很大程度上决定着雌鸟的选择。雄鸟的精力、勇敢程度以及其他心理属性无疑也起了很大的作用。下面，我们将从间接证据开始说起。

## 求偶要经历很长时间

有些鸟类的雌雄个体日复一日地在同一地点约会，且时间持续很长。由此可见，有些鸟类的求偶是一件费时费力的事情，有些还会反复进行交配。

例如

●在德国和斯堪的纳维亚，黑松鸡所举行的"巴尔兹舞会"或"勒克斯舞会"从3月中旬开始，一直持续到5月才结束。在"勒克斯舞会"上聚会的鸟多达四五十只，它们连续数年都会到此聚会。

●雷鸟的"勒克斯舞会"从3月底开始，到5月中旬甚至到5月底才结束。

●在北美，尖尾松鸡的舞蹈要持续1个月甚至更长时间。无论北美还是西伯利亚东部的其他种类的松鸡，差不多都遵循相同的习性。

●一二十只羽饰丰满的雄极乐鸟常集合在一起。雌鸟的鸟羽价值不大，因此捕鸟人不会注意是否有雌鸟参加聚会。

●一种非洲 织巢鸟 在繁殖季节集合起来举行小型舞会并表演优美的舞蹈，时间长达数小时之久。

●大量的独居丘鹬黄昏时聚在沼泽中，并在其后几年都出没于同一场所。在那里，它们像大老鼠似的跑来跑去，高耸着羽毛，拍打着双翼，并发出最奇异的叫声。

在上述鸟类中，黑松鸡、雷鸟、独居丘鹬等是一雄多雌的物种。对于它们而言，雄鸟足够强大并把弱者赶走之后，就可以占有尽可能多的雌鸟。如果雄鸟必须刺激或取悦雌鸟，那么一雄多雌的鸟类必须长时间求偶，而且需要在同一个地点集合众多雌鸟和雄鸟。不过，某些严格单配的物种也会举行求偶集会。

达尔文·福克斯牧师说，普通喜鹊常从德勒密尔森林各处集合起来，热闹地庆祝盛大的求偶集会。早些年，这里的喜鹊不计其数，一个猎场看守人一早晨就能轻轻松松地打死19只公喜鹊，还有一个人一枪打死了栖息在一起的7只喜鹊。早春时节，这些喜鹊有在特殊地点集合的习性，有时一言不合还会动武。它们总是围着树叽叽喳喳地飞来飞去。很显然，这些活动对于这些鸟而言意义重大。集会之后不久，它们就会分散开，然后成对地交配。

一个地方如果能举行盛大的集会，这个区域必定有大量的该物种成员。不同区域的同一物种往往会有不同的生活习性。韦德伯恩举过一个例子，黑松鸡在苏格兰只举行一次聚会，而在德国和斯堪的纳维亚却经常大规模集会。

# 丧偶的鸟类

我们刚刚谈到，对于某些种类的鸟来说，求偶往往是一件费时费力的工作。某些种类的雄鸟和雌鸟的感情并不是固定不变的。许多记录表明，一对配偶中的雄鸟或雌鸟被射杀后，丧偶的那一只很快就会找到新的伴侣。

喜鹊更换配偶的频率就很高。有人在维尔特郡射杀喜鹊，瞄准了其中一对，杀死一只后，幸存的那一只很快就找到了新的配偶。后结合的那一对会一起养育幼鸟。新配偶一般隔天才会找到，但也有人发现丧偶的喜鹊在同一天傍晚就找到了新配偶。即使在鸟蛋孵化之后，父母之一被射杀，剩下的那一方也会再寻配偶。据猎场看守人观察，丧偶的鸟通常两天内会觅得新欢。

我们首先推测，雄喜鹊的数量比雌喜鹊多。在上述前提中，以及在许多情况下，被射杀的都是雄鸟。这种推测并不是空穴来风，具有一定的事实基础。德勒密尔森林的猎场看守人介绍，以前有大量的喜鹊和食腐肉的乌鸦在鸟巢附近被打死，这些鸟全是雄鸟。他们对这一事实的解释是，雌鸟在巢中孵卵，相对而言比较安全，雄鸟为雌鸟觅食，因此更容易遇险。然而，有一个事例与之相反，在同一个巢里相继被打死的3只喜鹊都是雌鸟。另外还有一个事例表明，某个巢中有6只喜鹊连续被打死，它们相继在这个巢中孵卵，因此猜测它们极可能是雌鸟。但是，也有说法，雌鸟一旦被杀死，雄鸟就要代之孵卵。

猎场看守人曾用枪射死了一对松鸦中的一只，然后幸存的那一只很快就找到了新的伴侣。有人曾打死过一对食腐肉的小嘴乌鸦中的一只，另一只也很快找到了新伴侣。这些鸟类都是常见的品种，但少见的游隼也是这样。据说，生活在爱尔兰的游隼，如果某只雄鸟或雌鸟在繁殖季节被打死，幸存的那只鸟几天之内就能找到新的配偶。因此，已成配偶的隼即使伤亡，也不影响幼隼的数量。滩头堡的隼也是这种情况。有位观察家告诉我，有三只雄性红隼，在先后与同一鸟巢里的雌鸟交配时，都被打死了。其中两只都具成熟的羽衣，第三只则身披前一年的羽衣。苏格兰一位可靠的猎场看守人说，即使是罕见的金雕，配偶中有一方死亡，另一方很快就能找到新的配偶。

这是一个引人注意的问题：为什么有那么多单身的鸟可以随时补位，与丧偶的鸟组成配偶呢？春天，喜鹊、松鸦、小嘴乌鸦、山鹑和其他鸟类总是成双成对出现，从未见过它们独自一只。同一性别的鸟不会成为配偶，但是有时会成对或成小群地生活在一起，就像鸽子和鹧鸪那样。有些鸟类还会三只一组地生活在一起，椋鸟、小嘴乌鸦、鹦鹉和山鹑就是如此。其中山鹑的三只组合，可以是两只雄鸟和一只雌鸟，也可以是两只雌鸟和一只雄鸟。这种组合并不稳定，因为三者之一随时都会同一只丧偶的鸟相配。

　　有时，我们也会听到某些种类的雄鸟在繁殖季节之后很久还纵声高唱求爱的歌曲，这表明它们已经失去了配偶或者从未得到过配偶。一对配偶中的一只如果死于事故或疾病，就会使另一只成为孤单的自由之身。雌鸟在繁殖季节特别容易死亡，因此很多雄鸟会恢复单身状态。此外，如果存在鸟巢被毁、配偶不育、发育迟缓等情况，其中一方容易在受到诱惑之后离开，而且还乐于尽职尽责地抚养非自己所生的后代。这种偶然性事件可以证明鸟类在恢复单身状态之后会很快再找配偶。

　　在同一地区，正值繁殖季节的高峰期，鸟丧偶之后，怎么会有如此众多的雄鸟或雌鸟随时补位？这也是一个奇怪的事实。为什么这些补位的鸟没有配对？或许是因为鸟类的求偶在很多情况下都是一件费时费力的事情，所以会偶尔出现雄鸟或雌鸟在特定季节内没能成功地配对。当我们看到雌鸟偶尔会对特殊的雄鸟表现出强烈的憎恶和偏爱时，这种推测就变得更加可信了。

# 雌鸟对特殊雄鸟的偏爱

　　之前，我们提到了鸟类的鉴别力和审美力。现在，我将列举出有关雌鸟偏爱特殊雄鸟的所有实例。可以肯定的一点是，鸟类的不同种类在自然状况下会偶然交配，并产生杂种。

●曾有一只雄乌鸫和一只雌画眉交配，并产生了后代。

●英国记载了18个松鸡和雉交配产生杂种的例子。

之所以出现这种情况，很大一部分原因是单身的雄鸟找不到本种的雌鸟与之相配，但也存在巢穴邻近的不同鸟类偶尔互交的情况。从驯养或家养的异种鸟类的记载来看，即使和本种同类生活在一起，有些鸟也有可能会被异种鸟类强烈地吸引。

●一个加拿大的白颈雁群体共有23只雁，其中一只雌雁和一只独居的伯尼克尔雄雁交配了。尽管两个品种的外观和大小差异巨大，它们仍然产生了杂种后代。

●一只雄赤颈凫和同种的雌鸟生活在一起，却和一只针尾鸭交配了。

●一只雄麻鸭和一只普通母鸭也能产生后代。

这方面的例子不胜枚举。这一切发生得很自然，就像和同种的异性交配那样。我们无法猜测，在这些情况下，异种之间除了单纯的新奇之外，彼此还会有什么魅力会互相吸引。有资料显示，色彩有时会起作用。将朱顶雀、金燕雀、黄雀、金翅雀、欧洲苍头燕雀等雀类的雄鸟与雌金丝雀放在一起，结果金丝雀选择了同样色彩的黄雀并产生了杂种后代。

雌鸟选中同种的某一雄鸟并与之交配的情况是自然界最基本的规则。家养或圈养的鸟类最适合对这种情况进行观察。但这些鸟类由于过度饲养而吃得过饱，它们的本能有时受到了较大损害。关于异种间的交配，我们可以举出鸽子、鸡等种类的少量证据。这些杂种组合也许可以用受损害的本能加以说明，但在许多情况下，这些家养鸟可以自由地生活，所以不能用过度饲养导致它们受到不自然刺激这一理由解释。

关于自然状况下的鸟类，多数人的第一设想是，雌鸟在繁殖季节接受自己遇到的第一只雄鸟。但是，雌鸟几乎总被众多雄鸟追求，所以它们有选择的机会。雌鸟总是慎重地选择配偶。

●一只雌啄木鸟身后有6只华丽的追求者，它们不断做出奇异的滑稽表演。雌鸟对某只雄鸟表示了明显的偏爱后，其他雄鸟停止了表演。

●红翼椋鸟的雌鸟同样被若干雄鸟追求，雄鸟极力表演，筋疲力尽之后，雌鸟才落下来接受它们的求爱并迅速做出选择。

●几只雄夜鹰屡次以惊人的速度从空中急速下降，而后突然转回，发出一种独特的声响。雌鸟做出选择之后，其他雄鸟就飞走了。

●美国有一种秃鹫，常常有8～10只或更多只雌鸟和雄鸟在伐倒的木材上聚会，表达彼此最强烈的欲望。几经爱抚之后，雄鸟便会和配偶一起飞走。

●成群的野生加拿大雁中有过配偶经验的雁早在每年1月，就开始重新求偶；未曾有过配偶的雁则每天要花数小时争斗献媚，直到找到满意的配偶。在这之后，它们虽然还会聚集在一起，但是只待在自己的配偶身边。

我们再来看看家养和圈养的鸟类。首先我们来谈一谈有关家鸡、鸽子等种类的求偶情况。

●一只雄斗鸡虽被刈掉垂肉，拔掉颈羽，以至容貌损毁，但它仍保持着雄鸡的气质，因而容易被雌鸡接受。每一只雌鸡离开鸡棚后，几乎都会去找那只雄斗鸡约会。即使与雌鸡同种的雄鸡在场，雌鸡仍然会想方设法靠近雄斗鸡。

●雌鸽和雄鸽都喜欢和同品种的鸽子交配，普通家鸽对所有高度改良过的品种都不感兴趣。一位可信赖的观察家说，他饲养了一种羽毛带蓝色的鸽子，这种鸽子把白色、红色、黄色等所有其他颜色的变种全都赶走了。另一位观察家也说过，经过多次实验，一只暗褐色的雌信鸽总是不和一只黑色雄鸽相配，但和一只暗褐色的雄鸽马上就配对了。尽管如此，一般情况下，羽色对于鸽子的交配似乎没有多大影响。在我的请求下，特格梅尔先生把他养的一些鸽子染成了洋红色，但是这种色彩并没有引起其他鸽子的注意。

●美国的雄野火鸡有时会向雌性家鸡求爱，而且一般都会被接受。很显然，家养母鸡更喜欢野生雄鸡。

●雌孔雀通常偏爱特殊的雄孔雀，比如年老的雄斑孔雀。有人曾把一只老年雄斑孔雀关起来，雌孔雀们经常聚集在这只雄斑孔雀的铁笼旁边，而且坚决拒绝一只年轻的黑翼雄孔雀的求爱。到了秋天，人们把这只雄斑孔雀放出来，最老的雌孔雀马上向它求爱并获得了成功。第二年，这只雄斑孔雀被关进一个马厩。这时，雌孔雀因看不见年老的雄斑孔雀，就转而向那只黑翼雄孔雀求爱。在我们人类看来，这只黑翼雄孔雀比那只年老的雄斑孔雀更美丽。

●雄性黑羽长尾鸟在繁殖季节用长尾羽装饰自己。长尾羽脱落之后，雌鸟就会同它脱离关系。

●一只雄白鹏战胜了所有对手而成为雌鹏所接受的爱侣。天有不测风云，这只雄白鹏的羽饰遭到了破坏，于是另一只雄白鹏脱颖而出，把整个雉群带走了。

我们已经知道，色彩对鸟类的求偶举足轻重，因此下面这个事实引起了我的注意。

　　博德曼先生在美国北部从事多年鸟类收集和考察工作，在其丰富的阅历中，他观察过很多种类的鸟中的白色变种，但他从未见过一只白色变种会同其他鸟相配。这种鸟在自然状况下几乎不能繁育，但在圈养条件下却极易繁育。如果要为它们没有相配这一事实找出原因，我想是因为它们被正常色彩的同伴拒绝了。

　　多数情况下是雌鸟选择雄鸟，也有少数情况是雌鸟主动追求雄鸟，甚至为了占有雄鸟而争斗。

例如

　　●孔雀群体中，总是雌孔雀最先开始求爱。
　　●雄雷鸟聚集在某个地方昂首阔步行进时，雌雷鸟则在其周围飞来飞去，以引起它们的注意。
　　●一只驯养的母野鸭经过长时间的求偶后，终于和一只雄针尾鸭结成配偶，虽然这只针尾鸭极不情愿。
　　●虹雉属和其他许多鹑鸡类的鸟一样，实行一雄多雌的配偶制度。因此，不能把两只雌鸟和一只雄鸟关在同一个笼里，否则两只雌鸟会激烈相斗。

●红腹灰雀通常择一配偶而终。如果把一只颜色暗淡且丑陋的雌红腹灰雀引进鸟舍，它马上就会向另一只已有配偶的雌鸟发动无情的攻击，因此为了安全，需要把原先的雌鸟隔离开。新来的雌鸟没有竞争对手，极尽谄媚之事，最后赢得了雄鸟的青睐。过了一段时间，把原来的雌鸟放回鸟笼，后来的那只雌鸟在安逸中已经丧失了好斗性，所以在交锋中败下阵来。于是，雄鸟舍弃了新欢而同旧偶破镜重圆。

一般情况下，雄鸟对雌鸟的追求十分热烈，只要雌鸟答应，雄鸟能接受任何一只雌鸟。少数情况不符合这一规律。家养鸟类中存在雄性个体对某些雌性个体有所偏爱的现象。

●相比年老的母鸡，公鸡更喜欢年轻的母鸡。而雄雉正相反，将其放入雉群中，它们总会选择年老的雌性相配。雄雉似乎丝毫不在意雌雉的色彩，但在爱情中却有些反复无常。由于某种莫名其妙的原因，雄雉会突然对某些雌雉表示憎恶，即使人为干预也没用。公鸡有时会对同种的母鸡看也不看。繁殖季节，人为地把一只母鸡和几只公鸡关在一起，所下的四五十个蛋里没有一个能够成功孵化。

●有些母长尾鸭极受欢迎，群体中的其他雌性都不是它们的对手。我们常常可以看到，一只母鸭周围围绕着6～8只公鸭，而猎人会利用这个特点捕获更多的公鸭。

关于雌鸟特别钟爱某些雄鸟的现象，我们只能用类比方法来说明。如果一位外星人来到地球，在一个集市上看到许多年轻的小伙子热烈地追求某位漂亮的姑娘，甚至彼此间拳脚相向。小伙子们衣着华丽且采取各种取悦姑娘的方法，外星人由此判断这位姑娘具有判断力和选择力。这种场景就如同众多鸟聚在一起一样，它们具有敏锐的观察能力，而且对色彩和声音似乎都有某种鉴别力，因此会最终做出选择。

根据种种考察，我们可以断言，鸟类的交配并非完全靠机会，最有魅力、最会取悦雌鸟的雄鸟会抢得先机。因此，雄鸟为什么及如何逐渐获得种种装饰也就不难理解了。一切动物都能表现出个体差异，所以人类会主动选择那些他们认为最美丽的个体来改变家养鸟类的外形。而在自然界中，雌鸟同样偏爱那些魅力较强的雄鸟，并最终使雄鸟外形改变。只要这种改变不威胁物种的生存，那么就能随着时间的流逝逐渐扩大影响，甚至让某个物种发生翻天覆地的变化。

# 鸟类羽衣眼斑的形成及变异性

动物身上的各种装饰物纵然美丽，但眼斑总是其中最引人注目的。

各种鸟类羽毛上、某些哺乳类毛皮上、爬行类和鱼类鳞片上、两栖类皮肤上、许多鳞翅类和其他昆虫翅膀上都有眼斑，它们全都值得特别关注。一个眼斑通常由一个斑点及周围围绕着的另一种颜色的圆环构成，犹如瞳孔位于虹膜中心一样，但中央的斑点往往被附加的若干同心色带所环绕。

●孔雀尾覆羽上的眼斑和孔雀蛱蝶翅上的眼斑就是我们熟悉且典型的例子。

●一种产于南非的蛾，同英国的天蚕蛾有亲缘关系，其后翅的整个表面差不多被一个壮丽的眼斑占满。这个眼斑有一黑色中心，其中有一个半透明的新月形斑，外面依次围着赭黄、黑、赭黄、桃红、白、桃红、褐以及白的色带。

虽然我们还不了解鸟类异常美丽而复杂的眼斑的发展步骤，但可以通过昆虫类来推断。在鳞翅类中作为单纯斑记或色彩的诸多性状，没有一种像眼斑那样不稳定的，无论数目还是大小都是如此。

●华莱士先生给我看过英国普通草地尺蠖的一套标本，引起了我的注意。这套标本显示了一个简单的小黑

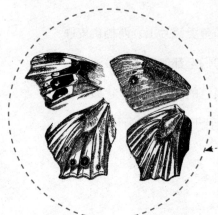

点，到一个色调优美的眼斑之间有大量的级进。

●有一种产于南非的莉达蝶，它们的眼斑更容易变异。一些 标本翅膀 上表面大部分是黑色，其中有不规则的白色斑记。从这种状态到一个相当完善的眼斑之间，我们可以追踪出一套完整的级进。同时，这个完善的眼斑是由不规则色斑的收缩而形成的。在另一套标本中，从非常小的一些白斑点环及勉强看得见的黑线这种状态，到一个完全对称的大眼斑之间，也可以找出它们的级进。

对鸟类以及其他许多动物中亲缘相近的物种进行比较后发现，圆斑可能是由条纹的断裂和收缩产生的。就红胸角雉来说，与雌性个体身上模糊不清的白线相对的是雄性个体身上那些美丽的白斑点；在大眼斑雉的雌雄个体身上也可以观察到类似的情况。不论其形成原因如何，它们的外观似乎都遵循同样的规律：

一方面，黑点往往是有色物质从周围区域向中心靠拢而形成，周围区域的颜色逐渐变淡；

另一方面，白点往往是有色物质从中心向外扩散而形成，周围区域的颜色逐渐加深。

无论哪种情况，都会导致眼斑的形成。这些有色物质的量既可以固定，也可以或向心或离心地重新分布。

　　●普通珍珠鸡白色的斑点外环绕着较暗的色带。在大白色斑点彼此接近的地方，四周的暗色带就会融合在一起。

　　●在大眼斑雉的同一根翼羽上既可观察到黑色斑点被一淡色带环绕，又可以观察到白色斑点被一暗色带包围。

　　因此，最基本的眼斑很容易就能形成。至于进一步还要经过哪些步骤才能产生那些更为复杂的、依次环绕着许多层色带的眼斑，我不敢妄下结论。不同颜色的家鸡产生了杂种后代，后代羽毛上具有色带；鳞翅类昆虫的眼斑极易变异。从这两种情况中，我们可以得出结论：眼斑的形成并不是一个复杂的过程，取决于相邻组织的性质所发生的某种轻微而逐渐的变化。

# 第二性征的级进

　　级进的情况意义非凡，因为它向我们展示了高度复杂的装饰物，可由一系列连续的小步骤获得。为了发现任何一种现存雄鸟获得华丽色彩或其他装饰物所历经的实际步骤，我们就应该追溯其灭绝的祖先，调查一下它们悠久的族谱。但既然已经灭绝，那么这一点也就无法实现。然而，我们可以进行横向比较，即比较同一类群的所有物种，其中有些种类还保存或部分保存原始性状的某些痕迹。

在各个类群中，固然有一些关于级进的明显事例可举，为了避免讨论烦琐、无用的细节，最好的办法是有针对性地研究一两个典型事例。

●雄孔雀之所以引人注目，主要在于大大延长的尾覆羽，而尾羽本身并没有延长多少。尾覆羽上又长着离散的尾枝。尾覆羽的末端尾枝会收缩聚拢，形成一个椭圆形的眼斑。这是世界上最漂亮的羽毛之一。它有一个闪着光芒、深蓝色的锯齿状中心，一层鲜绿的色带环绕在周围，再往外一环是铜褐色的宽色带，在这层宽色带外面又依次环绕着五层彼此略有不同的闪光窄色带。 眼斑 上有一种微小的性状值得我们注意，即沿着某一同心环带的羽枝或多或少地都缺少小羽枝，所以圆盘中会有某个环带看上去像是透明的，这又增添了

透明环带

一种另类的美。

●雄斗鸡的一个亚变种，颈部长羽的变异同孔雀相似。这种长羽具有金属光泽，顶端有一个对称形状的透明环带，这个环带由羽枝的无毛部分形成，把它和下面的羽毛隔开。眼斑的蓝黑中心的下边缘在羽干上呈深锯齿形。从周围的色带中，我们能发现缺刻甚至破裂的痕迹。印度孔雀和爪哇绿孔雀都有这种缺刻，这同眼斑的发展可能有关系，因此值得特别注意。

如果可以用逐渐进化理论解释，那么从普通鸟类的短尾覆羽，到孔雀的长尾覆羽之间的变化，就是逐渐进化；从一般鸟类比较简单的眼斑或仅是有色的斑点，到孔雀那壮丽的眼斑之间的变化，也是逐渐进化。逐渐进化过程中，连续步骤中的每一步都对应着一些物种的性征。我们可以通过亲缘相近的鹑鸡类来看一看其中的级进。

团花雉所栖息的地方靠近孔雀的地盘，两个种类之间也十分相似，所以有时候也被叫作孔雀雉。团花雉在鸣叫声和某些习性方面同孔雀相似。就像孔雀那样，春季求偶时，雄团花雉在色彩相对平淡的雌鸟面前大摇大摆地走来走去。它们高傲地展开并竖起尾羽和翼羽，上面装饰的大量眼斑一览无余。拿破仑团花雉身上的眼斑只出现在尾羽上，背部是华丽的蓝色，泛着金属光泽，这些性状与爪哇孔雀类似。爪哇孔雀还有一个顶结，哈德团花雉也有相似的性状。所有

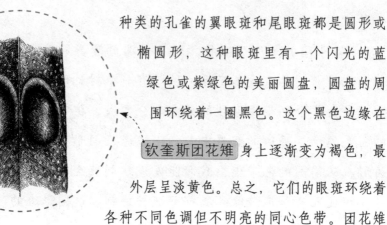

种类的孔雀的翼眼斑和尾眼斑都是圆形或椭圆形，这种眼斑里有一个闪光的蓝绿色或紫绿色的美丽圆盘，圆盘的周围环绕着一圈黑色。这个黑色边缘在 钦奎斯团花雉 身上逐渐变为褐色，最外层呈淡黄色。总之，它们的眼斑环绕着各种不同色调但不明亮的同心色带。团花雉另一个显著的性状是，它的尾覆羽特别长，是真尾羽长度的一倍，甚至长出三分之二，尾覆羽上还有大量眼斑。在尾覆羽的长度、眼斑的环带以及其他一些性状方面，团花雉的几个种类与孔雀很接近。

尽管有些性状接近，但我的研究却差点终止。我研究的第一种团花雉的真尾羽上装饰着眼斑，孔雀的真尾羽则完全没有这种装饰。除此之外，团花雉所有羽毛的眼斑都同孔雀的眼斑有根本差异——团花雉的同一根羽毛上有两个眼斑，分布在羽干的两侧。因此，我推断孔雀的祖先和团花雉的并不相似。

但我继续深入研究，发现某些物种的两个眼斑彼此挨得很近：哈德团花雉的尾羽上两个眼斑相互接触，而尾覆羽的则未完全分开，马六甲团花雉尾覆羽上的两个眼斑也没有完全分开。由于中间部分还相连，眼斑的上下两端都有一个缺刻，周围的色带上也存在缺刻。未完全一分为二的眼斑就这样形成了，它同时还彰显了两个眼斑的来源过程。这种未全分开的眼斑上下两端都有缺刻，孔雀的单个眼斑只在下端或底端才有缺刻。这种差异并不难解释，团花雉某些物种同一根羽毛上的两个卵形眼斑彼此平行，而钦奎斯团花雉等其他物种的两个眼斑则向一端收敛，两个收敛的眼斑局部还连接，并在岔开的一端留下更深的缺刻。如果这种收敛极其明显而且连接部分比较严密，那么在收敛一端的缺刻就会趋于消失。

有两种孔雀的尾羽完全没有眼斑，这显然是因为尾覆羽的覆盖。在这一点上，它们同团花雉的尾羽显著不同。大多数团花雉尾羽上的眼斑都大于尾覆羽上的。我又仔细研究了若干物种的尾羽，以期发现它们的眼斑是否有任何消失的倾向，研究结果没有令我失望。拿破仑团花雉的中央尾羽在羽干两侧各有一个完整的眼斑，尾羽越靠外，内侧的眼斑越不明显，最外边那根尾羽内侧的眼斑只有一点模糊的痕迹。此外，马六甲团花雉尾覆羽上的那两个眼斑连接紧密，而且尾覆羽比尾羽长三分之二。在这两个方面，马六甲团花雉和孔雀很接近。马六甲团花雉只有两根中央尾羽有装饰，且每一根中央尾羽有两个色彩明亮的眼斑，所有其他尾羽的内侧眼斑则全消失了。

按照级进原理，我们可以明确孔雀获得其华丽尾羽所经历的步骤。

如果用倒推的方法描绘孔雀的祖先，那么它几乎介于现存孔雀（尾覆羽大大延长并装饰有眼斑）和一种普通鹑鸡类的鸟（尾覆羽很短，仅装饰着某种颜色的斑点）之间。它同团花雉相似，尾覆羽能够竖起来也能够展开，羽毛上装饰着两个相连的眼斑，长长的尾覆羽几乎可以把尾羽掩藏起来，而尾羽上的眼斑已部分消失了。两种孔雀的眼斑中心的圆盘存有缺刻，周围色带也存在缺刻，这一现象印证了上述观点。雄团花雉无疑是美丽的鸟类，但与孔雀相比，还是逊色几分。在漫长的进化过程中，雌孔雀的祖先必定十分欣赏雄孔雀的美色，因此这一性状不断积累，雄孔雀在外貌方面渐渐成为所有鸟类中的佼佼者。

# 大眼斑雉

　　大眼斑雉翼羽上的眼斑非常值得研究，这种眼斑色彩浓淡适宜，搭配得浑然天成，远比普通眼斑美丽。面对大自然如此美丽的馈赠，我想没人会把它简单归因为偶然。这些装饰物的形成显然是对许多连续变异进行选择的结果，而且其中一种变异使眼斑看上去像"球与穴"那样。这个过程就像拉斐尔所画的圣母像一样，这幅不朽的画作是青年艺术家长期连续的层层涂抹、逐渐绘成的。

　　关于眼斑的发展历程，我们既无法追溯其悠久的祖先系统，也无法考察其许多亲缘密切相近的类型，因为它们已不复存在了。但幸运的是，某些羽衣可以给我们提供一个解决问题的线索，它们可以证明，一个简单的斑点完全有可能逐渐发展成一个像"球与穴"那样精致完美的眼斑。

具有眼斑的翼羽上面布满了黑色条纹或数行黑色斑点，每个条纹或每行斑点都从羽干外侧斜向下至眼斑。那些斑点紧密相接形成一条线，如果所在的那一行纵向连成一线便是纵条纹，横向连成一线便是横条纹。有时，一个大斑点会分裂为若干小斑点，这些小斑点又形成不同的横条纹或纵条纹。

接下来，我们先描述一个形似"球与穴"的 完整眼斑。这种眼斑的中心是一个漆黑的圆环，圆环内部着色的浓淡非常适宜，远观像一个球。这个圆环差不多总是略有破裂或中断，中断之处一般位于圆环上半部分的某一点，也就是球外白影上方略偏右之处，有时圆环也在右侧底部破裂。这些破裂之处都有其特殊意义。圆环靠左上角处总是变粗，这里的边缘界限模糊不清。在变粗的那一部分下面，有一道几乎纯白的倾斜斑记位于球的表面，往下颜色逐渐变深，由铅灰色变成黄色再变成褐色，然后越变越黑。当光线照射到一个凸面时，这种色调产生了令人赞叹的效果。查看圆环内部的球，就会看到它的下部是褐色，中间一条斜曲线隔离成上下两部分，上部是黄色和铅色的，且都较深。这道斜曲线同白色光块及所有色调的长轴相垂直。这种颜色差异并不影响球的色调的完整。还有一个特别明显的现象，即每个眼斑都和一条黑条纹或一纵行黑斑点相连，同一根羽毛上的黑条纹或黑斑点之间并无差别。图中，条纹A指向眼斑a；条纹B指向眼斑b；条纹C的上半部分有断裂，它指向另一个眼斑，但此图没有画出来；条纹D所指的眼斑比条纹C所指的眼斑更靠下（图中无显示）；以此类推，条纹E、F也是这样。这几个眼斑之间的淡色区域则布满不规则的黑色斑纹。

我们再来描述一下眼斑的最初痕迹。和其他羽毛一样，那些 短次级翼羽最靠近身体的部分 具有向下倾斜的数行斑点，这些斑点颜色暗淡，形状不规则。除了最下面一行之外，下方五行斑点中，最靠近羽干的斑点，比同行的其他斑点略大且横向距离更长。它们的上部边缘是以某种模糊的暗黄色调为边界，这又与其他斑点不同。比起鸟类羽衣上的斑点，这些斑点没有更加引人注意的地方，因而容易被忽略。短次级翼羽的这些较大的基部斑点所在的位置，对应的正是较长翼羽的完整眼斑所在的位置。

翼羽上最靠近羽干的斑点所在的那一行，有一个发育不完善的眼

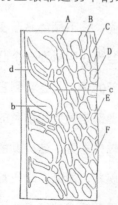

斑，它甚至不能称为眼斑，所以我们称它为椭圆形装饰物。从椭圆形装饰物到靠近羽干的眼斑，我们可以追踪出一个缓慢的级进过程。我们把 翼羽 上具有平常形状的几行斜着的暗色斑点标记为A、B、C、D，这四行斑点都下指一个椭圆

形装饰物并与之相连。无论哪一行，最下方的斑点（我们标记为b、c、d）比它上面的那些斑点更粗、更长，左端变尖并向上弯曲。这个黑斑的上面突然出现一个具有鲜艳色调的宽阔部分，开始是一条褐色狭带，然后逐渐变为橙色，由橙色又逐渐变为一种淡铅色，最后又变淡。这种浓淡搭配的色彩填充了椭圆形装饰物的整个内部。斑点的方方面面都和上面所描述的简单羽毛上的那个浓淡适宜的最底端斑点一样，只是色彩更鲜明。斑点与它们之间的明亮色调一起构成了椭圆形装饰物。这些装饰物同羽干平行，位置明显地同那些形似"球与穴"的眼斑的位置相当。

在椭圆形装饰物和形似"球与穴"的完整眼斑之间有完整的级进，使我不知道什么时候用"眼斑"这一术语才恰当。 完整眼斑 的色调也是经过连续演化才逐渐形成。那些褐色的、橙色的和淡铅色的狭带，构成了椭圆形装饰物

下部黑斑的界线，而且它们的颜色变得越来越淡，并逐渐融合。上面颜色较明亮的那一部分向左逐渐收缩，并变得更加明亮，最后几乎呈白色。在形似"球与穴"的最完善眼斑中，我们还能看出中心像球的结构上部和下部之间，在色彩上有一种轻微差异，色调上却没有差异。球的上部和下部的分界线倾斜，其倾斜的角度正如椭圆形装饰物具有明亮颜色的光影的角度。由此可见，形似"球与穴"的眼斑，在形状和颜色上的每一个细节几乎都由椭圆形装饰物逐渐演变而来。从两个简单重合的斑点中，我们可以通过同样的小变化追踪出椭圆形装饰物的发展过程。

具有完善眼斑的次级长羽末端都有特别的装饰。那些斜向上的纵条纹在某处停止延伸并混合在一起，在这个界限之上的整根羽毛上布满了白色小点，周围是黑色小环，整个图案背景色较暗。最上面眼斑的斜条纹仅成为一个很短的不规则黑斑，底部仍具有平常那样的横向弯曲。该条纹在这里突然断掉，因此我们能够理解这个圆环上方的加粗部分为何会在这里消失。很显然，这个加粗部分和上面那个较高斑点中已断裂的一个延长部分，存在着某种关系。由于圆环上部加粗部分的缺失，最高的那个眼斑顶端好像斜斜地被削去了一块。所以，大眼斑雉的羽衣一开始并不完美，经过了多次演变才变成现在的样子。

　　还有一点需要补充，距离身体最远的那些次级翼羽上的所有眼斑，都比其他羽毛上的眼斑小，而且发育不完善，圆环上部缺失，就像刚才提到的那种情况一样。这种不完善的情况可能是因为这种羽毛上的斑点合成条纹的概率比较小，它们往往断裂成更小的斑点。


　　　一张人工标本图片显示，羽毛上的眼斑中白色斑记都在
　上端或最远的一端，而且白色斑记上的凸面可以反射光线。
　据说，这些羽毛的主人在生前炫耀自己时，光线就照在凸面
　上，显得这只鸟精神极了。这种构造真是不可思议！


　　不同羽毛上的眼斑位于不同的位置，但是都能很好地反射光线，就如一位绘画高手涂抹的色彩看似随意，实则用心良苦一样。尽管如此，它们并非整齐划一、丝毫不差地反射光线，因为眼斑上方的白色斑记通常位于较远的一端，也就是说，它们不是一字排开的。但无论如何，我们不能期

望通过性选择所获得的装饰性性状绝对完善，正如通过自然选择所获得的具有实际用途的那些性状也不绝对完善一样。

从一个简单斑点到形似"球与穴"的精美装饰物之间，我们可以追踪出一个完整的系列。凡是承认性选择在任何情况下都会发生作用的人都会认识到，一个简单的暗黄褐色斑点通过相邻的两个斑点的接近和变异，再加上颜色的逐渐深化，就可以变为一种所谓的椭圆形装饰物。但由于次级羽毛通过性选择作用变长，又由于椭圆形装饰物的直径加大，因此它们的颜色就没有那么鲜明了。于是，鸟势必再次通过样式和色调的改进，而获得羽衣的装饰性。这个过程一直进行着，直到最后发展为奇妙的形似"球与穴"的眼斑为止。这样我们就能很容易地了解翼羽装饰物的现状及起源。

# Chapter 7

## 哺乳动物的第二性征

雄性哺乳动物赢得雌性动物的青睐似乎是通过争斗，而不是通过炫耀美色。即使是生性胆小、没有作战武器的动物，在求偶季节也会进行殊死搏斗。雄野兔会争斗到你死我活，雄鼹鼠常相斗到身负重伤，雄松鼠伤亡惨重，雄河狸则伤痕累累。

　　我曾在巴塔戈尼亚看到美洲羊驼伤痕累累。还有一次，几只美洲羊驼全神贯注地争斗，即使冲到了我身边也没有觉察。利文斯通说，南非许多雄性哺乳动物身上多多少少都有在争斗中留下的伤痕。

水栖哺乳动物与陆栖哺乳动物一样，也会为争夺异性而争斗。

　　●雄海豹在繁殖季节用牙和爪拼命争斗，以至于皮上布满了累累伤痕。
　　●雄抹香鲸在繁殖季节被忌妒心驱使，用颚死死咬住对方，两个巨大的身体扭来扭去。由于争斗太激烈，它们的下颚通常都歪曲了。

具有特殊战斗武器的一切雄性哺乳动物都会进行猛烈的争斗。

●雄鹿骁勇善战，不惧强敌。世界各地都有鹿的残骸显示出，双方生前互不相让，最后同归于尽。

●野牛是巨大原牛的后裔，虽然体形变小了，但是依然善战。有人曾见到两头比较年轻的公牛合力向一头领头的老公牛发起进攻，把它拱倒在地，让它不能翻身。人们认为领头公牛受到了致命袭击，倒在树林中起不来了。几天以后，其中一头年轻公牛单独走进那片树林时，这头领头老公牛突然发起袭击，并将它置于死地。领头老公牛神气十足地回到牛群，再次成为高高在上的霸王。

●曾有一匹英国种马，经常和八匹母马往来于威廉港附近的山中。这座山里还有两匹野公马，各领一小群母马。这三匹公马见面就会燃起战争，两匹野公马都曾试图单独同那匹英国种马争斗，并占有母马，但都失败了。有一天，这两匹野公马联手对英国种马发起战争。管理马群的人立即乘车赶来，发现其中一匹野公马和英国种马争斗，另一匹则驱赶母马，而且已经赶走了四匹。那个人赶紧把整个马群赶入畜栏，避免了悲剧的发生。

食肉类、食虫类和啮齿类等雄性动物有齿，用于切断或撕裂食物。除了齿，这些动物一般没有和竞争对手进行争斗的特殊武器。其他许多雄性哺乳动物的情况却不一样。雄鹿和某些种类的雄羚羊有角，雌性个体则没有；有些动物的雄性个体的上犬齿、下犬齿或上下犬齿都远比雌性个体大得多，有些雌性个体甚至没有犬齿，仅有一些残迹。某些羚羊、麝、骆驼、马、野猪，以及各种猿类、海豹、海象都是这样。

例如

● 印度的雄象以及儒艮的上切齿属于攻击性武器。

● 雄独角鲸犬齿发达，呈螺旋状，有时长达3米左右。雄独角鲸的角也比雌鲸发达。几乎所有雄独角鲸的角都或多或少有损伤，说明角是它们的战斗武器。雄独角鲸的左侧犬齿仅是残迹，长约25厘米，埋藏于颚中。有时左右两侧的犬齿同样发达，这种情况比较少见。雌独角鲸的左右两侧犬齿都只是残迹。

● 雄抹香鲸的头大于雌鲸，这在水战中是一种优势。

● 成年雄鸭嘴兽前腿上的距和毒蛇的毒牙相似，但是距上腺体的分泌物无毒。雌鸭嘴兽腿上有一处凹陷，显然是距的残迹。

如果雌性动物没有雄性动物所具有的那种武器，那么这些武器一般就是用于同其他雄性动物进行争斗。这些武器是通过性选择获得的，而且只传递给雄性后代。或许有人会说，这些武器从一开始就对雌性动物毫无用处甚至多余。这种理论根本不能成立。相反，雄性动物除了争夺配偶外，也常使用这些武器，尤其是用于防御天敌。但是，它们在许多雌性动物身上却发育不良，或完全缺失，这让人觉得不可思议。如果雌鹿在生长季节发育出大角，雌象长出巨大獠牙，但是这些结构对雌性动物没有任何用处，那么就会造成身体构造的浪费。如果连续变异的传递仅限于雌性动物，那么这些角和牙通过自然选择就会逐渐在雌性动物身上消失。况且，如果雌性动物保留了这些构造，有时会使雄性受到有害影响，从而引发不好的结果。

在整个鹿科中，雌鹿有角的物种只有驯鹿，但雌驯鹿的角比雄驯鹿的角稍小、稍细且分支略少。因此，人们自然会认为这种角对于雌驯鹿有某种特殊用途。雌驯鹿的角从每年9月开始发育，经过整个冬季，直到第二年4、5月份产小鹿时才脱落。克罗契先生曾在挪威特别为我调查过此事，雌驯鹿为了生产小鹿似乎要隐匿差不多2周，再出现时就没有角了。里科斯先生说，在新斯科舍，雌驯鹿有角的时间更长一些。此外，雄驯鹿的角脱落得更早，约在11月末。雄驯鹿在冬季无角，有着同样生活习惯的雌驯鹿依然有角，因此角在冬季对雌驯鹿来说没有任何特殊用途。虽然地球上众多雌性鹿科动物都没有角，但我猜测这可能是该类群的原始性状，鹿科祖先的雌性很可能是有角的。

驯鹿很小的时候，角就开始发育。至于为什么发育，我们现在还弄不清楚。角这一性状同时向雌雄双方传递，但作用程度不同。其他一些种类的雌鹿也会表现出角的残迹。

　　●雌羌鹿就具有硬而短的毛簇，前端形成一个瘤状物，代替了角的存在。
　　●大多数雌美洲赤鹿的标本表明，角的位置生有尖锐的骨质凸起。

　　根据这几种考察结果，我们可以得出结论，雄鹿最初获得了角作为同其他雄鹿进行争斗的武器，由于某种未知的原因，雄鹿在很小的时候就开始发育角，然后传递给雌雄后代。

　　我们再来谈谈鞘角反刍动物。羚羊的角可以形成一个级进的系列：有些雌羊完全没有角；有些雌羊仅有角的残迹；还有一些雌羊具有相当发达的角，但显然比雄羊的角细小，而且有时角的形状也不同；只有处于级进最后位置的雌羊具有和雄羊一样发达的角。对驯鹿和羚羊来说，在角的发育时期和角向某一性别或两性传递之间，存在着某种关联，所以某些物种的雌性个体无角，而其他物种的雌性个体具有完善状态的角。这并不决定于它们有任何特殊用途，而是简单地决定于遗传。因此，在同一个属中，有些物种的雌雄个体都有角，而另外一些物种只有雄性有。还有一个值得注意的事实：印度黑羚的雌性通常没有角，但布莱思先生曾看到过三只有角的雌羚，而且这不是一种病态。

例如

●山羊和绵羊的野生种类中，公羊的角都比母羊的大，而且大部分种类的母羊都没有角。这两种动物的几个家养品种，都是雄性才有角。北威尔士绵羊的几个品种，虽然雌雄个体都有角，但母羊的角很容易消失。有一位可信赖的朋友在产羔季节有目的地检查了一群北威尔士绵羊，他发现，出生的羊羔中，公羊羔的角比母羊羔的发育得更充分。皮尔先生曾用雌雄个体都有角的隆克绵羊和无角的莱斯特绵羊、无角的希罗普郡绒毛绵羊杂交，后代中雄性个体的角都大大缩小了，雌性个体则没有角。

这些事实表明，公绵羊的角是稳定的性状，而母绵羊的则不稳定。因此，我们可以断定，绵羊的角最初起源于雄性个体。

例如

●雄性成年麝牛的角大于母牛，而且母牛的角彼此间不会挨到一起。在大多数野生牛类中，公牛的角都比母牛的更大、更粗。但无论是隆背的还是不隆背的家养牛类，公牛的角都是又短又粗，而母牛和阉牛的角则又细又长。印度水牛也是公牛的角短且粗，母牛的角长而细，但印度野牛公牛的角比母牛的角更大、更粗。在瓦尔达诺发现过狂野牛母牛的头骨化石，这种母牛完全没有角。

●雌白独角犀的角一般大于雄白独角犀的角，但是力量方面较弱。有些种类的犀牛，雌牛的角更短。

由此我们可以判断，角这一性状最初都是先由雄性个体具有的，为的是战胜其他雄性个体。然后，其部分地传递给了雌性后代。即使是雌雄个体的角同等发育的物种，也遵循这一规律。

去势会对动物产生一定的影响，也能为我们的研究提供帮助。

●雄鹿去势后，角会永远消失。雄驯鹿是个例外，去势后仍会生角。

驯鹿的例子以及雌雄个体都有角的情况，似乎说明角在这些物种中并未构成第二性征。但驯鹿的角是在雌雄幼体体质没有差异时发育而成，因此不受去势的影响。即使角最初由雄性个体获得，去势也不会造成影响。

●雌雄绵羊都有角，威尔士公绵羊去势之后角大大减小了，缩小的程度与去势的年龄有关。其他种类也是如此。

●美利奴公羊有大角，而美利奴母羊一般没有角，去势对这个品种所产生的作用更明显一些。如果在早期去势，公羊的角几乎就会保持不发育的状态。

●几内亚海岸有一个品种的羊，母羊没有角，公羊去势之后也没有角。

●公牛去势之后，短而粗的角会变长，长度会超过母牛的角。

●印度黑羚的公羊具有长而直的螺旋形角，两只角几乎平行，并且向后倾斜。母羊有时候会有角，但是角并不是螺旋形，且两只角相隔较远，向前弯曲。

我们可以用类推法，从母牛和母羚羊身上看出相似物种祖先长角的状态。去势为什么会重现角的早期状态，目前还没有定论。但两个不同种动物的杂交会使后代体质有所改变，导致某些长久消失的性状重新出现。同理，去势会引起个体体质的改变，产生同样的效果。

不同种类的大象，其不同性别的獠牙也不一样，情况和反刍类动物类似。在印度或马六甲，只有雄象有十分发达的獠牙。锡兰象大部分没有獠牙，个别有獠牙的个体都是雄象。非洲象与众不同，雌象具有大而充分发达的獠牙，但雄象的獠牙更大。

不同种类的象的獠牙有差异，野生驯鹿的鹿角差异明显，黑印度羚的母羊偶尔有角，少数一些雄独角鲸有两个獠牙，有些雌海象完全没有獠牙……这些例子表明第二性征可以产生极端的变异，也表明第二性征在亲缘关系密切的物种中容易产生差异。

獠牙和角除了用于与同性争斗，也常用于其他目的。

●大象用獠牙向虎进攻、截断树干、把棕榈树含淀粉的树心取出来。非洲象常使用一只獠牙去探查地面是否能承载它的重量。

●普通公牛用角来保卫牛群。

●瑞典的驼鹿用它的大角一下就可以把狼刺死。

●雄性喜马拉雅角羖如果不慎从高处跌落，就会向内弯头，以其巨角触地，以减轻受到的伤害。据说，北山羊也会如此。母山羊的角比较小，不能发挥这种作用。但母羊性情比较温和，看似并不需要这种保护的功能。

对于很多动物而言，不分叉的角是一种有力的武器，可以深深刺进对方的身体里。令人感到奇怪的是，许多种类的雄鹿的角都分叉。一头马鹿的角可达76厘米，上面至少有15个分叉，有些甚至达到33个。野生驯鹿的一对角共有29个分叉。鉴于鹿角的分叉形式，以及诸鹿相斗偶尔用前足相踢的情况，有人认为鹿角所能发挥的作用很小。但是，鹿角中向下倾斜的分叉可以保护前额，角尖可用于攻击。马鹿在争斗时会猛烈撞击对方，以角尽力抵住对方的身体，拼命相斗。一方失利并后退时，胜利的一方便尽力把额前的分叉角刺入对方体内。这样看来，分叉角似乎主要用于相互推撞和刺伤。

我认为，单独一个角的作用没有分叉角那么多。分叉角虽对于雄鹿的自我防御极其重要，但是众多分叉也会分力，因此分叉并不利于战斗。我猜想分叉角可能也有装饰的作用。鹿的分叉角以及某些羚羊的优美竖琴状的角都呈双重弯曲状，确实具有装饰之美。它们的角可能像古代骑士的华丽装备，可以增添主人的高贵风采。为了装饰的目的，鹿和羚羊的角发生了变异并逐渐累积性状，使角在战斗的基础上还能增添魅力。


一位作者在杂志上发表文章，讲述了他21年来在阿迪隆达克斯的狩猎经历。他观察到弗吉尼亚鹿正在性选择和自然选择的影响下变异。约14年前，他听说有一种长有钉状角的雄鹿，随后这种鹿逐年增多。5年前，他射中一只这样的鹿，不久以后又射中一只——射中这样的鹿很容易。钉状角同弗吉尼亚鹿的普通角大不相同。它是一个单独的钉状物，比分叉角更细，长度还不及分叉角的一半。这种角从额头向前方凸出，末端锐利。具有这种角的雄鹿比普通雄鹿有更大的优势。雌鹿和1周岁的雄鹿比长有大型笨重分叉角的雄鹿跑得快得多，而这种钉状角却可以使雄鹿更迅速地穿过茂密的森林和矮树丛。除此之外，钉状角同普通角相比，还是一种更有效的武器。具有钉状角的雄鹿由于占有这种优势，普通雄鹿都不是它的对手，或许有一天这个地方的普通雄鹿就会消失。

毫无疑问，钉状角的出现只是一种偶然变异，由于它为雄鹿个体带来极大好处，因此性状逐渐积累并遗传给后代。一位批评家却对此提出异议，现在的单角比较有利，但是在它们的祖先群体中，为什么分叉角那么发达？我的回答是，偶然状况下利用新武器进行攻击取得了成功，才将这种性状逐渐积累。如果一只雄鹿只是和同一种类的其他雄鹿相斗，那么它的分叉角可以发挥巨大作用，帮助战胜对手，但是我们不能断定分叉角同样利于战胜具有不同武器的对手。

具有獠牙的雄性四足兽，也会充分利用自己的獠牙，就像雄鹿使用自己的角一样。

例如

●公野猪用獠牙进行侧面攻击并能向上挑，麝用獠牙向下刺，它们都能给对手以重创。

●雄海象虽然脖子短、身体笨重，但是从上方、下方、侧面发起进攻同样敏捷。

●印度公象可以调整獠牙的位置和曲度，从而采取不同的争斗方式。如果獠牙朝前用力并指向上方，它就能把一只虎抛出9米远。如果獠牙短且朝下，它就会用力把老虎压在身下。

四足兽一般不会同时拥有两种作战武器对付同性对手，雄吠鹿却是例外。它既有角，也有凸出的犬齿。根据以下事实，我们可以推断出，经过长期的演变，一种类型的武器可以取代另一种。反刍动物的角和犬齿一般会抑制彼此的发育。

●骆驼、红褐色美洲羊驼、麒鹿和麝都没有角，但是都有犬齿，且雄性的犬齿比雌性大。骆驼科除了具有真正的犬齿以外，上颚还有一对犬掌形的切齿。

●雄鹿和公羚羊都有角，一般没有犬齿，或者有很小的犬齿，在战斗中根本不能发挥作用。在蒙大拿山羚羊中，幼年公羊只有犬牙的残迹。随着个体的生长，犬齿逐渐消失。各个年龄段的母羊都没有犬齿。某些其他种类的羚羊和鹿偶尔也有犬齿的残迹。

●公马有小型的犬齿，母马则完全没有犬齿或仅有残迹。公马不能像骆驼和红褐色美洲羊驼那样把嘴张开，只能用切牙咬啮，所以犬齿并不能用于战斗。

如果成年雄性个体具有犬齿，但没有实际用途，同时雌性个体没有犬齿或仅保留残迹，我们就可断言，这个物种的雄性祖先具有有效的犬齿，而且部分地传递给了雌性个体。雄性个体身上新武器的发育引起了争斗方式的改变，从而使犬齿缩小。

对于拥有獠牙和角的动物而言，獠牙和角极其重要，但它们的发育也会消耗大量能量。

●象的一个獠牙差不多重90千克。

●鹿会定期更新鹿角，这也需要消耗大量体能。驼鹿的角重达27千克，还有一种绝灭的爱尔兰驼鹿，角重达32千克，它的头骨平均仅重2.38千克。

●绵羊的角也会不定期地更新，许多农学家认为角的更新会给饲主造成明显的损失。

在逃避猛兽的追击时，雄鹿的角有碍奔跑，并大大降低其穿过树林的速度。

●驼鹿角两个顶端之间相距1.7米，正常行走时，它们能够灵巧地转动角，不会碰到或折断树枝。在迅速逃避狼群时，它们就不能那样灵巧地转动了。驼鹿前进时，高高举起鼻子，角向后与地面保持水平。这时，它们因头微微上扬，而无法看清地面。

●大型爱尔兰驼鹿两个角之间的实际距离达到2.4米。

●赤鹿角上长茸毛的时间长达20周，在这期间，它们极易受伤。德国赤鹿会避开茂密的森林，往来于幼树和低矮灌木之间。

雌雄哺乳动物体形相差很大，雄性动物通常比雌性动物大而有力。

●澳大利亚有袋类动物体形差异明显，雄性动物一直到老年都在生长。

●某种成年雌海狗重量不足成年雄海狗的六分之一。多配偶的海狗，雌雄个体在体形上差别很大，单配偶的海狗则差别很小。

●雄性鲸类的好斗性同其体形有一定关系。好斗的雄鲸在体形上大于雌鲸。雄露脊鲸彼此不相斗，它们的体形小于雌鲸。雄巨头鲸彼此激烈相斗，它们的身体上通常会有对手留下的齿痕。雄巨头鲸的体形是雌鲸的2倍。

雄性动物的强壮特征，永远表现在它和其他雄性对手战斗时所使用的身体部位，例如公牛的粗壮颈部。雄性四足兽也比雌性个体更为勇敢、好斗。毫无疑问，这些性状的获得，一部分是通过性选择的作用，较强、较勇敢的雄性个体击败了较弱的雄性个体；一部分则是遗传的效果。在体力、大小以及勇气方面的连续改变无论是起源于单纯的变异，还是由于使用的效果，雄性四足兽都是借着连续改变的积累而获得了在生命晚期出现的这些特性，因而这些特性在很大程度上只传递给同一性别的后代。

少数四足兽的雄性个体具有专门对付其他雄性个体进攻的器官或身体

构造。某些种类的鹿，主要或完全使用它们的角来防卫。

●瞪羚用微微弯曲的长角巧妙地进行防卫。这种角同样可以作为攻击器官来使用。

●犀类在相斗时用它们的角挡开对方的侧击。角相撞发出巨大声响，就像 公野猪 使用獠牙时的情况那样。

● 公野猪彼此拼命相斗，却很少负重伤，这是因为彼此的袭击都由獠牙承受，或者由那层遮盖肩部的软骨般的皮承受。德国猎人把这块皮叫作盾。

有些动物的身体专门为了防卫而发生改变。

●成年时期，公野猪的下颚獠牙十分有力，主要用于战斗。老年时期，公野猪的獠牙会大幅度向内和向上弯曲，有时候比鼻子还高，不再适合作战。然而，它们仍可以用作防御。此时，两侧稍微向外凸的上颚獠牙加长，并向上弯曲得厉害，可以保护大部分头部区域。

● 成年 雄东南亚疣猪 也长着下颚

獠牙，同样孔武有力。然而，它的
上颚獠牙十分长，且牙尖向内弯
曲，有时甚至弯及额部，所以不
能用作进攻的武器。与其说它们
是牙，倒不如说它们很像角，因
为它们显然不能发挥牙的作用。如
果把头部稍微侧向一方，上颚獠牙的凸
面大概可以作为最好的防御武器。因此，老年东南亚
疣猪的獠牙有很多都是折断的，留下难以磨灭的争斗
痕迹。

通过对比，我们发现了一个有趣的事实：成年时期的东南亚疣猪上颚
獠牙的弯曲形状只适于防御，欧洲公野猪的下颚獠牙只在老年时期呈现差
不多的形状，只是弯曲程度较轻，同样用作防御。

虽然很多种类的公猪都有战斗武器，也有防御手段，但这些武器似乎
是在较晚的地质时期内获得的。福赛思·梅杰博
士列举了几个 中新世 的例子，没有一个物种的
雄性个体具有发达的獠牙。卢特迈耶教授也曾提
到了这一事实。

距今约2330万年～约
530万年。

# 四足兽雌雄个体对配偶的选择

在下一章，我们将讨论四足兽的雌雄个体在发声、气味以及装饰物等方面所表现的差异。讨论这些内容之前，我们先来看一看雌雄个体在结合之前怎样选择配偶。雄性个体争夺霸权之前及之后，雌性个体会选择哪些特殊的雄性个体？非多配性的雄性个体会不会选择特殊的雌性个体？

据育种家们观察，由于雄性个体热切追求雌性个体，所以雄性个体似乎可以接受任何雌性个体。在大多数情况下，事实确实如此。雌性个体是否能够毫无差别地接受任何雄性个体，则是一个更不确定的问题。前面已经讨论过，有大量的直接和间接的证据证明，雌鸟会挑选配偶。同理，更加高级、心理能力更强的雌性四足兽如果不挑选雄性，那大概是一种奇怪的反常现象。在大多情况下，如果遇到一个不能取悦自己或者不能使自己激动的雄兽求偶，雌兽就会逃脱。如果几只雄兽同时追求一只雌兽，雄兽肯定发生争斗，雌兽往往会和其中一只雄兽一起逃离，并且进行临时交配或长久交配。

自然状态下，雌四足兽在婚配时是否进行选择，我们所知甚少。

据记载，许多雌海狗在到达进行繁育的岛屿时，好像心里已经有了一个目标。它们爬上外围的岩石，眺望整个大群体，不时发出呼叫，似乎在寻找熟悉的回应。换到另一个地方后，它们会重复同样的动作。雌海狗一到海岸，最靠近的一只雄海狗就从上方下来同它相会，同时发出一种喧嚣声，就像母鸡呼唤雏鸡一般。雄海狗向它点头弯腰，极力诱哄。雌海狗无处躲避时，会看它一眼。这时，雄海狗态度大变，厉声吼叫，把它赶到其"妻妾"所在的地方。一只到手后，雄海狗再次出动，直到它的地盘上"妻妾成群"。雄海狗们还会登上高处，勘察地形，伺机行动，见邻居的当家人疏于防范，立刻上门抢亲。抢亲时，它们把雌海狗叼在嘴中，高高举起，再小心地把它们放在自己的"妻妾"之间，就像老猫携带小猫那样。居于更高处的雄海狗继续这种行为，直到自己的地盘装不下雌海狗为止。为了占有同一只雌海狗，两只雄海狗之间屡屡发生争斗。争斗双方会同时咬住这只雌海狗，导致其被咬伤，甚至身负重伤。雌海狗都到位之后，雄海狗会得意地巡阅自己的家族，训斥那些故意拥挤或打闹的雌海狗，并凶猛地赶走一切入侵者。这样的巡视工作持续不断，雄海狗为此经常疲惫不堪。

关于自然状况下的动物求偶，已有的记载并不多，因此我曾仔细观察过家养四足兽的交配，看看它们会进行怎样的选择。

人类对犬类照顾有加，它们同人类关系紧密。许多育种家对狗是否会选择交配对象都有各自的意见。梅休先生说："母狗拥有爱情，温柔的行为对它有强烈的影响，爱情来临时它们的喜悦之情溢于言表。母狗在爱情方面并非总是那么持重，而是容易接受低等的杂种狗。如果把母狗和外貌丑陋的狗放在一起饲养，它们之间也会擦出爱的火花，并且会一直保持着爱情。它们间的爱慕是真实的，并不是浪漫主义的一时脑热，因此能够长久保持。"梅休先生所观察的主要是小型犬类，他相信大型公狗对小型母狗有强烈的吸引力。著名的兽医布莱恩说，他自己养的一条母哈巴狗狂热地爱上了一只长毛垂耳狗。一只母蝶犬也不可救药地爱上了一只杂种狗。这只母蝶犬与杂种狗缠绵几周后，才与自己的同种狗交配。我曾收到同样的而且可以信赖的两项记载，表明一只母拾物猎狗和一只母长毛垂耳狗都深深爱上了獚类犬。

卡波勒斯先生告诉我，他见证了一只贵重且异常聪明的母獚，爱上了邻居家一只长毛垂耳狗。它们的爱轰轰烈烈，只有人为干预，母獚才会极不情愿地离开公狗。把它们永久隔离之后，母獚的乳头虽然经常滴出乳汁，但它决不接受任何其他公狗的求爱，因而一生都没有生育。对此，它的主人深感遗憾。卡波勒斯先生还说，在他的狗窝中有一只母猎鹿狗和四只壮年公猎鹿狗。1868年，这只母狗对其中一只体形最大、长相最漂亮的公狗表现出偏爱，曾与它三次交配。卡波勒斯先生观察到，母狗一般喜爱和它有过交往的公狗。母狗的腼腆和怯懦使其倾向于拒绝陌生的公狗。相反，公狗却倾向于选择陌生的母狗。公狗一般不会拒绝任何特定的母狗，但著名的育狗专家赖特先生给我举了一些反例。他自己饲养的一只公猎鹿狗对任何特定的母獒都不理不睬，另一只公猎鹿狗出现并带来竞争压力之后，它才接近母獒。巴尔先生细心地繁育过许多嗅血猎狗，几乎在每一对狗中，公狗或母狗都表现出一种明显的偏好。卡波勒斯先生又研究了这个问题，然后写信告诉我，狗在繁育时彼此均表现出明显的偏好，这往往受体形大小、毛色鲜明程度以及个性的影响，同时也受彼此熟识程度的影响。

赛马育种家布伦基隆先生告诉我，种马在伴侣选择上反复无常。没有任何明显的原因，公马就会拒绝某一匹母马而选择另一匹母马，所以要不断施用诡计让公马总是选择某一匹母马。由于贵重的赛马需求很大，为了得到纯种赛马，人类通常会干预它们选择配偶。布伦基隆先生从来没见过母马会拒绝公马，但在赖特先生的马厩中就曾发生过这种情形，所以势必对这匹母马施计。法国权威人士说，确实有公马选择特别的母马，而拒绝其他一切母马的情况。贝伦举过有关公牛的相似例子：一头短角公牛永远拒绝与一头黑母牛交配。霍夫勃格在描述家养的驯鹿时说，母鹿似乎很喜爱个大体强的公鹿。有一位传教士繁育过许多猪，他断言母猪往往在拒绝某一头公猪之后，就会立即接受另一头公猪。

根据上述事实可以断言，家养四足兽常常对异性表现出强烈的反感或喜好，在这方面雌兽的表现更明显。既然如此，自然状况下四足兽的交配就不是偶然为之的。更常见的情况是，雌性个体受到特殊雄性个体的诱惑，或者被某一雄性个体激起情欲，被选择的雄性个体一定具有某方面的特性。这种特性具体是什么，我们还没有得到确切答案。

# Chapter 8

## 哺乳动物的第二性征（续）

四足兽经常发出各种声音，有时是发出危险信号，有时是呼唤同伴，有时是妈妈召唤自己的孩子，有时是孩子寻找自己的妈妈。关于它们不同声音的不同用途，我在此不做赘述。

我们现在要讨论雌雄个体之间的声音差异。几乎所有雄性动物都会在发情季节频繁发声，其中长颈鹿和豪猪等动物仅在发情季节才发声。有些动物的喉部（即喉头和甲状腺）在繁殖季节变得肥大，可以想象这种强有力的声音对它们而言一定十分重要。

● 3岁以下的幼鹿似乎并不鸣叫，老鹿在繁殖季节才鸣叫。在寻找雌鹿的过程中，雄鹿会发出低沉的鸣叫声。雄鹿进行战斗之前会大声鸣叫，拖长声音，在战斗过程中则闭口不言。

习惯发声的各种动物处于任何强烈的感情之中时，都会发出各种不同的声音，在愤怒和备战时就会如此。这样或许能引起神经兴奋，导致几乎所有肌肉都痉挛收缩。

● 雄鹿会用鸣叫挑衅，并进行殊死搏斗。但是，声音洪亮的雄鹿不一定在战斗中也占有优势，除非它比对手更强壮、更勇猛，并拥有更好的武装。

　　●狮子发怒吼叫的时候，鬃毛会竖起来。这样会使它看起来更可怕，能恐吓对方。

　　如果雄鹿的吼叫也能起到恐吓的作用，那么它喉部变粗就能得到解释了。有些论文作者认为，雄鹿的鸣叫是用于召唤雌鹿。然而，两位富有经验的观察家告诉我，虽然雄鹿热切地寻求雌鹿，但雌鹿并不主动寻求雄鹿。根据我们所知道的其他四足兽的习性来说，这种情况确实存在。雌鹿鸣叫，可以把一头或更多的雄鹿很快吸引到自己身旁，因此猎人在野外经常模仿雌鹿的声音。如果雄鹿的鸣叫可以使雌鹿激动或能够诱惑雌鹿，那么根据性选择原理以及受到同一性别和季节所限制的遗传原理，雄鹿发声器官就会定期肥大，但是我们还没有确凿的证据。实际上，雄鹿在繁殖季节的高声鸣叫，无论用于求偶还是战斗，似乎都没有起到特殊作用。但是，它们在强烈的爱慕、忌妒以及愤怒等感情中屡屡使用声音，并且世代都这样，那么雄鹿的发声器官必然会变异。

　　●成年雄性大猩猩可以通过喉囊发出洪亮的叫声。

　　●长臂猿是猿类中最喧闹的种类，其中苏门答腊合趾长臂猿有气囊，但雄性的声音并不比雌性大。因此，合趾长臂猿的鸣叫是用来与同伴联系的。河狸等四足兽彼此召唤时就会鸣叫。敏捷的长臂猿能完全而准确地发出八度音阶，这大概也能增加自身魅力。

●美洲卡拉亚吼猴公猴的发声器官比母猴的大三分之一，因此更加强劲有力。气候温暖时，这种猴子的叫声能充满整个森林。公猴们的合唱可能会持续好几小时，母猴偶尔也会参与，只是鸣叫的声音比较小。

猴子鸣叫就像许多鸟类那样，是出于喜欢自己的声音，想要一决高下。大多数猿类获得强有力叫声的原因，是不是击败对手并向异性献媚，还没有定论。但不可否认，长臂猿群体的发声器官通过长期连续使用而被加强和增大，并因此获得了更大的利益。

一些人认为，海豹类动物雌雄个体因为不同的生理构造，而产生不同的声音。

雄象海豹的鼻子很长，并且能够竖起来，有时鼻子能延长到30厘米。雌象海豹的鼻子不会增长。雄象海豹会发出一种狂热、嘶哑的咯咯声，能传到很远的地方，据说长鼻子能增强这种声音。雌象海豹的叫声则不同。雄象海豹鼻子的竖立就像雄性鹈鸡类在向雌性求偶时膨胀的垂肉。亲缘相近的冠海豹头顶上有巨大的兜帽（囊状物），由鼻隔支撑。鼻隔向后伸长，并且在鼻子里面隆起，高达18厘米。这种兜帽外面有肌肉质的短毛，膨胀的时候可以超出头部。雄冠海豹发情时会在冰上进行剧烈争斗，它们的吼声有时可以传到6千米之外。受到攻击时，它们会发出同样的叫声。被激怒的时候，头部囊状物会因为膨胀而颤动。有些博物学者认为，这些生理反应会使它们的声音增强，但也有人认为这种异常构造还有其他用途，例如保护作用，可以防止意外事故发生。

# 气味

在许多动物中，雌雄个体散发气味的腺体大小相同，但它们的用途还不清楚。另外，有些物种的腺体只限于雄性个体才有，有些则是雄性个体的腺体比雌性个体更为发达。无论属于哪种情况，腺体几乎都会在发情季节变得更强。

- 美洲臭鼬等动物能发出特殊气味，可以用于防御。
- 雌雄鼩鼱都有腹部臭腺，用于自我保护，鸟和猛兽都因此拒绝捕食它们。雄性的腺体在繁殖季节会增大。
- 雄象面部两侧的腺体在繁殖季节会变大，并且分泌一种具有强烈麝香气味的分泌物。
- 许多种类的雄性蝙蝠都有腺体和可以凸出的囊袋，并散发臭味。

我们都知道，公山羊能散发恶臭气味，某种雄鹿的恶臭气味同样强烈而且持久。

　　在普拉塔河岸边距离一群平原羊800米的下风处，我闻到公羊的强烈气味。我曾用丝手帕包了一块羊皮回家，虽然后来手帕经过多次清洗，1年7个月后再打开这块手帕，我还能闻到上面的气味。这种动物在生育以后才会散发强烈的气味，如果在幼小时进行阉割，就永远不会散发这种气味。

许多种类的鹿、羚羊、绵羊和山羊在身体的不同部位，尤其是面部周围都有臭腺，泪囊或眶下窝就是其中的一种。这等腺体能分泌出一种半流质的恶臭物质，有时分泌物太多，整个面部都被染脏了。雄性动物的腺体通常比雌性动物的大，而且发育受到去势的抑制。根据相关记录，雌性红斑羚羊完全没有这种腺体。因此，这种腺体无疑同生殖机能有密切关系。在亲缘密切相近的诸类型中，有些个体有这种腺体，有些则没有。

　　●成年的雄麝尾巴周围的裸皮湿漉漉地沾满了芳香液体，而成年的雌麝以及未满2岁的雄麝尾巴周围有毛，而且不散发香气。麝所特有的麝香囊只有雄性个体才有，并形成了一种附加的芳香器官。在发情季节，这

*种腺体的分泌物浓度不变，数量也不增加。*

在大多数情况下，如果只有雄性动物在繁殖季节散发强烈的气味，那么主要作用就是刺激或吸引雌性动物。我们不能想当然地解释这个问题，也不能以偏概全。我们都知道，老鼠喜好某种香料油，猫喜好缬草，狗虽然不吃腐肉，却用鼻子嗅它们，并在上面打滚。根据上面的例子，我们可以肯定，雄性动物散发气味不都是为了吸引雌性动物，但气味对雄性动物极其重要。在某些情况下，大而复杂的腺体足够发达，相关肌肉能把囊袋翻开，并控制囊孔的开合。如果气味最浓烈的雄性动物在赢得雌性动物方面极具优势，并且留下的后代遗传了它们逐渐完善的腺体和气味，那么我们就可以用性选择解释这种器官的发展了。

# 毛的发育

我们已经看到，雄性四足兽颈部和肩部的毛通常比雌性动物发达得多。雄性个体争斗时，这种毛对它们有保护作用，但是毛的发育是否专门为了自我保护，我们还不确定。可以肯定的是，如果背部仅有一条稀疏而狭窄的脊毛，就不能发挥保护作用，而且打斗中脊背本身就不容易受伤。尽管如此，有时只有雄性动物才有这种脊毛。如果雌雄动物身上都有这种脊毛，则雄性动物的毛更发达。

例如

●雄性马鹿及野山羊被激怒或受到惊吓时，这种脊毛就会立即竖起来，但竖起的脊毛不仅是为了恐吓对手。

●大羚羊的喉部有一大块界限分明的黑毛丛，且雄性比雌性大得多。

●北非的鬣羊是绵羊科的成员，悬挂在颈部和前腿上半部分的长毛几乎把前腿都盖住了，且雄性远比雌性的发达。

许多种类的雄性四足兽面部都具有较多的毛或不同特性的毛，而雌性四足兽则没有这些毛或者毛不发达。

例如

●公牛前额具有卷毛，母牛却没有。

●山羊科有三个亲缘关系相近的亚属，其中一个亚属只有公羊具有领毛，而且有时会很长。另外两个亚属，公羊和母羊都有领毛。普通山羊的某些家养品种则没有领毛。塔尔羊的公羊和母羊都没有领毛。北山羊的领毛在夏季不发达，其他时期也非常短，有时只能看到残迹。

●某些猩猩等猿猴类只有雄性才有领毛，或者雄性的领毛比雌性长得多，卡拉亚吼猴和 僧面猴 就是如此。猕猴某些种类的颊毛以及狒狒某些种类的鬃毛也是这种情况。但大多数种类的猴，无论雌雄，面部和头部的毛都一样。

●牛科以及某些羚羊类的雄性都有颈部垂肉，即大型皮褶，而雌性的这一性状很不明显。

关于这样的性差异，我们能得出什么结论呢？我们不能准确地知道，某些雄山羊的领毛、公牛的颈部垂肉或某些公羚羊沿着背部的脊毛，在其普通习性方面有何种用途。伦敦动物园的管理员告诉我，许多猴类会彼此攻击对方的喉部，所以雄僧面猴的巨大领毛、雄猩猩的长领毛在它们进行争斗时可能会保护喉部。一般情况下，领毛的作用和颊毛、触须以及面部的其他毛丛相似，都能起到保护作用。

这些动物毛和皮上的所有附器都是无目的的变异吗？有可能是这样。许多家养动物的某些性状，显然不可能是任何野生祖先遗传的，而且这些性状仅限于雄性个体才有，或者在雄性个体上更发达。

- 印度雄瘤牛的隆肉，公肥尾羊的尾巴，几个绵羊品种雄性个体前额的弓形轮廓，公伯布拉山羊的鬃毛、后腿长毛以及颈部垂肉，都是这种情况。
- 有一种非洲绵羊，只有公羊有鬃毛。如果对这种公羊施行去势，其鬃毛就不发育，因此鬃毛是一种第二性征。

我曾在著作《动物和植物在家养条件下的变异》中阐明过，在判断性状方面，我们必须谨慎，尤其对那些没有受过人类的选择却不断强化的性状。对于仅限于雄性个体或者雄性个体比雌性个体发达很多的那些性状，更是如此。如果确知上述非洲绵羊同其他绵羊品种拥有同一个祖先，而且假定性选择未曾作用于这等性状，那么它们的发生必定是由于单纯的变异以及限于性别的遗传。

把这个观点引申到自然条件下的动物身上，发现其不能适用于一切情况，如雄羚喉部和前腿异常发达的毛，以及雄狐尾猴的巨大颔毛。根据我在动物身上做的研究，我相信高度发达的身体部分是在某一时期为特殊目的而获得的。如果这一点被证明，那么这些性状很可能就是通过性选择而获得的，至少是性选择引发的变异。这种作用对哺乳动物有多大影响，需要进一步做深入研究。

226

# 毛和裸皮的颜色

首先，我要大致谈谈我所知道的雌雄四足兽色彩不同的例子。

●有袋类动物的雌雄个体颜色差异较小，红色大袋鼠是例外。雌性红色大袋鼠有一部分呈现优雅的青色，雄袋鼠的相应部分则为红色。

●生活在卡宴的雌负鼠比雄性更红一些。

●啮齿类动物中也有相关例子。非洲松鼠，尤其是热带地方的松鼠，毛皮在每年的某些季节比在其他季节更为鲜艳，而且雄鼠的毛皮一般比雌鼠的更为鲜明，它们之间有着明显的差异。俄国巢鼠雌鼠比雄鼠色浅且暗。

●大多数雄蝙蝠的皮毛比雌蝙蝠更鲜明。雄蝙蝠的皮毛上有斑纹或者某些部分皮毛较长。这种差异主要体现在视觉发达、食用果实的蝙蝠品种身上。

●雌雄树懒的装饰不同。雄树懒两肩之间有一片柔软的短毛，呈橘黄色（有一个物种呈白色）。雌树懒则没有这种性状。

陆栖的食肉类和食虫类动物很少表现出性差异，体色差异也不明显。

　　●豹猫是一个例外，公猫比母猫颜色鲜明。母猫灰褐色部分较暗，白色部分不纯，斑纹更狭窄，斑点更小。
　　●同豹猫亲缘相近的线斑猫，雌雄二者也有差异，但差异不明显。母猫的颜色稍微淡一些，黑色斑点的颜色也较浅。

海栖食肉类或海豹类有时在颜色上的差异相当大。除了颜色差异，它们还有其他显著的性差异。

　　●南半球的褐海狗的雄性呈浓艳的褐色，雌性呈暗灰色，雌雄幼崽都呈深巧克力色，且雌性更早呈现成年个体的颜色。
　　●格陵兰海豹的雄性呈茶灰色，背部有一块奇特的马鞍形暗色斑纹。雌海豹的身材小得多，身体呈暗淡的白色或草黄色，背部呈茶色。海豹幼崽最初是纯白色，与冰丘和雪的颜色接近，这种颜色能起到很好的保护作用。

反刍类动物在颜色方面的差异比其他目中的动物更常见。

●羚羊类雌雄个体差异显著，雄性的颜色比雌性更深，特色性状更明显，毛冠和毛丛更为发达。雄性不换毛，但是在繁殖期间毛色会加深。12个月内的雌雄幼崽没有区别，如果在这期间雄性幼崽去势，那么它的毛色在繁殖期间也不会改变。这一事实证明了羚羊类的颜色与性别有关。

●弗吉尼亚鹿的红色夏毛和青色冬毛完全不受去势影响，这进一步说明了雌雄动物之间的颜色差异。

●大多数甚至全部林羚属中有高度装饰的物种，雄性动物都比无角的雌性动物颜色更深，毛冠更发达。

●比起雌性个体，雄性德比大角斑羚毛色更红，颈部较黑，间隔这两种颜色的白色带斑较宽。

●好望角大角斑羚雄性比雌性毛色更深。

我们需要讨论的最后一个目为灵长目。

●雄性黑狐猴一般呈煤黑色，而雌性呈褐色。

●卡拉亚吼猴的雌猴和幼崽均呈灰黄色，而且彼此相似。雄猴2岁时变为红褐色，3岁时除腹部外都呈黑色，四五岁时全身都是黑色。

●赤吼猴和白喉卷尾猴雌雄之间的差异也非常显著，它们的幼崽和雌性很相似。

●白头僧面猴的幼崽也和雌猴相似，头部呈黑褐色，身子呈锈红色。

●蛛猴面部周围长满毛丛，雄猴的毛丛为黄色，雌猴则是白色。

●在狒狒科中，埃塞俄比亚狒狒的成年雄性有巨大鬃毛，雌性却没有。雌雄在毛和胼胝的颜色方面也稍有不同。

●山魈雌性和幼崽都比成年雄性颜色淡。在整个哺乳动物纲中，西非山魈 成年雄性颜色最为特殊——成年以后，面部变成优雅的青色，鼻梁和鼻尖则呈鲜艳的红色。按照有些作者的记载，它们的面部还有苍白的条纹，而且部分略现黑色，不过这种颜色似乎属于一种变异。前额有一毛冠，下巴上还有黄须。大腿上方及屁股上的大片裸皮呈浓艳的红色，同时还有星星点点的青色，这样的颜色搭配活泼可爱。西非山魈激动后，所有无毛部分的颜色都变得更鲜艳。有几位作者甚至把这种鲜艳的颜色和鸟类的美丽羽毛相比。它的大犬齿充分发育时，双颊便形成了巨大的骨质凸起，并带有纵向的深沟，上面的裸皮呈鲜艳的颜色。雌性和幼崽几乎看不见这种骨质凸起，无毛部分的颜色也远不及雄猴那样鲜明，面部差不多是黑色的，带有青色调。成年雌性的鼻子到一定时期会变成红色。

我们所举的例子都表明雄性个体比雌性个体的颜色更强烈或更鲜明，而且雄性个体的颜色同雌性和幼崽的都不相同。但是，就像少数鸟类那样，某些种类的雌性灵长类的颜色比雄性的更为鲜明。

●恒河猴的雌猴尾巴周围的裸皮面积很大，呈一种鲜艳的胭脂红色，面部也呈浅红色。伦敦动物园的管理员观察到，这种颜色会定期表现得更鲜艳活泼。成年雄猴及幼崽不论臀部裸皮还是面部都没有红色的痕迹。但根据已有材料记载，雄猴在某些季节会偶尔表现出一些红色的痕迹。虽然在装饰方面不及雌猴，雄猴在某些方面还是比雌猴强，比如手掌更大，犬齿更长，颊须较发达，眉骨较凸出。

有关哺乳动物雌雄两性之间的颜色差异，我们已经知道了很多例子。这些差异有可能是变异的结果，这种变异只限于同一性别之间的传递，个体并不因此获得任何利益，所以性选择不发挥作用。尽管如此，上述猿猴类和羚羊类等四足兽呈现的各种鲜艳颜色，还是不能用此理论解释。我们应该记住，这种颜色并不是在雄崽降生时出现的，而仅在成熟期或接近成熟期才出现。这和普通变异不同，因为雄性个体一旦去势，这种颜色就消失了。总之，雄性四足兽强烈、显著的颜色及其他装饰性状，在它们同其他雄性个体竞争时能发挥优势，因而是通过性选择获得的。雌雄个体在颜色上的差异几乎完全体现在有强烈、显著第二性征的那些哺乳动物类群或亚类群身上，所以这种第二性征是性选择的结果。

四足兽显然也会关注颜色。

- 半野生的马显然喜爱那些颜色和自己相同的马。
- 颜色不同的鹿鹿群虽在一起生活，但并不混交。
- 一匹母斑马一开始不接受一头公驴的追求，可是把这头驴涂成斑马的模样时，母斑马就欣然接受那头公驴了。

从最后这一奇妙的事实中，我们看到了仅由颜色激发的本能。这种本能的作用如此之强，以致胜过了任何其他本能。雄性动物并不需要这种本能，只要它和雌性动物颜色接近，就足以使雌性动物激动起来。

关于哺乳动物，目前我们还没有掌握任何证据可以证明，雄性个体会尽力在雌性面前展示魅力。雄鸟和其他种类的雄性动物会以精心设计的方式进行表演，说明雌性动物赞赏雄性动物展示的装饰物和颜色，受到这些刺激会变得兴奋。哺乳类和鸟类在第二性征方面有显著的平行现象，主要体现在雄性间进行争斗的武器方面、装饰性附器方面，以及颜色方面。

在这两个纲的动物中，即使成年雌雄个体有所不同，雌雄幼崽却几乎总是彼此相似；大多数情况下，幼崽和成年雌性也相似。另外，雄性个体在繁殖年龄以前会表现出这一性别所特有的性状。如果在早期去势，这些性状就会消失。在这两个纲的动物中，颜色的改变时常是季节性的，而且无毛部分的颜色通常在求偶时变得更鲜艳。雄性个体几乎总是比雌性个体颜色更强烈、鲜艳，而且还装饰有较大的冠毛或羽冠及其他附器。只有个别情况下，这两个纲的雌性个体会比雄性个体的装饰更为高级。有多种哺乳动物，雄性个体比雌性个体散发的气味更浓。在这两个纲的动物中，雄性个体比雌性个体发出的声音更强有力。这些平行现象说明，某种作用曾影响了哺乳类和鸟类。仅就装饰的性状来说，可能是因为某一性别的个体对异性某些个体表现出长期连续的喜爱，导致大量后代继承了这种显著的魅力。

# 装饰性状在雌雄个体间的同等传递

按照刚才的结论，有些鸟类的装饰物最初由雄鸟获得，然后同等或几乎同等地传递给雌雄后代。对于哺乳动物而言，这种作用有多大？有很多物种，尤其是体形较小的种类，雌雄个体的颜色是为了自我保护，同性选择无关。这种例子在大多数哺乳纲较低等的动物中更常见，也更显著。

●麝鼠的皮毛接近土色，蹲在混浊河流的岸边时，常被当成泥块。

●山兔跑进兔穴时凭借颜色隐蔽起来。家兔则不是这样，它跑向兔穴时，向上翻卷的白色尾巴就会引起猎人及一切猛兽的注意。

生活在白雪覆盖地区的四足兽，变成白色是为了保护自己免受敌人的危害，或者有利于它们接近所要捕食的动物。在没有雪的地方，白色毛皮容易暴露，因而在世界上较热的地区，白色物种极其罕见。栖息在较寒冷地区的许多四足兽虽然没有白色冬季毛皮，但毛皮颜色在冬季变淡，显然是它们长期所处环境造成的直接结果。

例如

●在西伯利亚，狼、鼬属的两个物种，印度羚的两个物种，麝、家马、野驴、家牛、狍、驼鹿和驯鹿都会发生季节性颜色变化。狍的夏季皮毛是红色的，而冬季皮毛则是灰白色的。它漫步在点缀着白雪和严霜的无叶灌木丛中时，灰白色可以起一种保护作用。

如果上述动物的栖息范围扩大到永久覆盖冰雪的地方，那么自然选择会让它们的淡色冬季皮毛越来越白，直到像雪那样白为止。

某些动物会由于具有独特的颜色而获利。

例如

●有个围墙大院内养了五六十只褐白杂色的家兔，同时家里还养着一些同样颜色的猫。我注意到，这种猫白天的时候不会找兔子的麻烦，黄昏时刻会卧守在兔穴口。家兔显然不能把它们同其他家兔区分开。结果，一年半后，猫弄死了所有家兔。

●颜色对臭鼬也有帮助。它被激怒时，会散发出可怕的气味，所以没有一种动物会自愿地攻击它。但黄昏时候，它却很容易受到猛兽的攻击。因为臭鼬有一条白色的蓬松大尾巴，很容易引起注意。

许多四足兽获得它们现在的颜色，主要是为了自我保护或为了更好地捕食其他动物。但一些物种的颜色太过显眼，颜色搭配非常奇特，值得我们进一步思考其真正的目的。

例如

●雄性大羚羊喉部有正方形白色块斑，蹄子后上方有白色丛毛，双耳上有黑色圆形点斑，这些性状都比雌性个体明显得多。

●德比大角斑羚雄性比雌性颜色更为鲜艳活泼，肋部的狭白线和肩部的宽白斑更为明显。 林羚 雌雄个体之间的差异与之雷同。

我们无法确切知道这种差异对雌雄任何一方在日常生活习性方面有什么用处。还有一种可能，各种不同的斑纹最初由雄性个体先获得，颜色通过性选择而被加强，然后部分地传递给雌性个体。如果你也认同这种观点，那么就能理解许多物种雌雄个体同等奇特的颜色和斑纹，也是按照同样的方式被获得和传递的。

例如

●南非捻角羚羊雌雄个体的后肋均有狭窄
的垂直白线，而且前额均有优雅的角形
白色斑纹。

●南非达玛利斯羚属颜色奇
特。 白臀达玛利斯羚 的背部和颈

部呈紫白色，到两肋逐渐变为黑

色，这种颜色同其白腹和臀部的一

大块白斑区别明显。其头部的颜色更

奇特，有一块镶着黑边的椭圆形白斑遮盖

面部直达双眼，在前额还有三条白纹，双耳也有白色的

标志。这个物种的幼羚全身都是淡黄褐色。白耳达玛利

斯羚的头部和白臀达玛利斯羚有所不同，只有一条白

纹，并且双耳几乎是全白的。

　　尽力研究了各纲动物的性别差异之后，我得出如下结论：**许多羚羊的**
**雌雄个体都有奇特的颜色，但都是最初应用于雄性个体的性选择的结果。**

　　同样的结论也适合虎类。虎是世界上最美丽的动物之一，雌雄个体在
颜色方面几乎没有差异。华莱士先生相信，虎的条纹皮毛和竹子笔直的茎
秆完美契合，因此它可以隐蔽起来接近猎物。我并不完全赞同这种观点，
虎皮的颜色可能是由性选择所致。猫属有两个物种是雌雄个体皮毛的斑纹

和颜色相似，但雄性个体更鲜明。在开阔的南非平原上，斑马的条纹不能起到保护作用，反而使它们更容易暴露。但它们柔滑发亮的肋部会在日光的照射下闪耀，鲜明的、整齐的条纹皮毛像一幅非常美丽的图画。这种壮观的图案在四足兽中堪称完美。在整个马科动物中，雌雄个体的颜色完全一致，我们还没有掌握性选择的证据。尽管如此，如果把各种羚羊肋部的白色和暗色垂直条纹归因于性选择的话，那么性选择原理同样适用于虎和斑马。

我们已经谈到，如果幼崽和父母遵循同样或类似的生活习性，但颜色却有差异，那么可以推论这些幼崽保持了某一已经灭绝祖先的颜色。

　●在猪类以及貘类中，幼崽具有纵条纹，这与这两个类群中所有现存的成年物种均有差异。

　●许多种类的幼鹿具有优雅的白色斑点，而双亲却完全没有。所有年龄的雌雄斑鹿都有美丽的斑点，有一些鹿的物种无论长幼都没有斑点，这两类之间存在级进。梅花鹿全年都有白色斑点，据我在伦敦动物园里观察，这种鹿夏季皮毛颜色较淡，斑点也比较淡，冬季则加深。豚鹿夏季的皮毛呈赤褐色，斑点比较明显，冬季的皮毛呈褐色，斑点全部消失不见。这两个物种的幼鹿都有斑点。幼弗吉尼亚鹿同样也有斑点，它们在夏季皮毛发红，没有斑点，冬季皮毛则出现蓝色，双肋也暂时地各出现一行斑点。这两行斑点的清晰度虽有变化，但数目永远不变。

从无论年龄、季节总有斑点的状态，到成年鹿在所有季节中均不具有斑点的状态，是一种级进。根据如此众多类型的幼鹿都有斑点的事实，我们便可断言古代鹿科动物不分年龄和季节都有斑点。它们更早的一个古代祖先大概同西非鹿相似，这种动物具有斑点，而且雄鹿无角，具有实用的大型犬齿（现在还有少数鹿保持着犬齿残迹）。西非鹿也是两个类群结合的产物，它在某些骨骼性状上介于厚皮类和反刍类之间，而这两类动物的性状截然不同。

这种观点成立的话，问题又来了。如果有色的斑点最初是作为装饰物而被获得，那么如此多的现存鹿类，怎么会在成熟状况下失去了以往的装饰物呢？我还不能给出满意的答复。但可以肯定的是，现存物种的祖先是在成熟期或接近成熟期时失去了斑点和条纹，所以幼崽依然保持着这种性状。而且，由于相应年龄遗传法则的作用，这些斑点和条纹会传递给此后各代的幼崽。

●由于美洲狮生活在开阔的地方，所以条纹的消失对它们极其有利，可以不被猎物发现。如果条纹消失的连续变异发生在生命晚期，那么幼崽大概率还会保持条纹性状，现在的情况正是如此。

●鹿、猪和貘等动物没有斑点或条纹，就不易被天敌或猎物发现，所以自然选择发挥了作用，保留了这些变异。

地质年代分类，距今6500万年～距今260万年。

食肉动物在 第三纪 体格增大，数量增多，食草动物在那个时候大概特别需要这种保护。这种解释或许合理，但幼崽没有受到这样的保护就颇为奇怪了。而且更奇怪的是，有些物种成年后在每年的某些时期部分或全部地恢复了它们的斑点性状。

例如

●家驴发生变异后变为赤褐色、灰色或黑色时，肩部甚至脊部的条纹都会消失，其中的原因我们还不得而知。

●全身都有条纹的马，暗褐色的比较多，其他颜色的比较少，所以我们可以相信原始马在腿部、脊部和肩部都有条纹。

因此，在现存的成年鹿、猪和貘中，斑点和条纹的消失可能是由于皮毛的颜色发生了变化，但这种变化究竟是由于性选择或自然选择的作用，还是由于生活环境的直接作用，甚至是由于某种其他未知的原因引起，我们还不确定。也有一些例外情况，亚洲大陆驴属的一些种类没有条纹，甚至连肩部的横条纹也没有，而非洲的某些种类则具有显著的条纹。生活在埃及和埃塞俄比亚之间的纹驴是例外，它们的肩部有横条纹，腿部一般还有一些模糊不清的带斑。

# 四手类

　　我们接下来谈一谈猿猴类的装饰物，这有助于我们更好地理解性选择。大多数猿猴的雌雄个体在颜色方面彼此相似，但在某些物种中，雄性个体与雌性个体有差异，皮肤无毛部分的颜色、额毛、颊须和鬃毛方面尤为如此。许多物种的颜色十分特殊又异常美丽，具有奇妙而漂亮的 冠毛 ，所以我们把这等性状视为装饰物。

这些冠毛以及毛和皮强烈对照的颜色不仅是变异的结果，也有性选择的作用，而且对相关动物的日常活动有一定影响。对于四手类动物而言，性选择的作用使雄性个体体形更大、体力更强、犬齿更发达。

　　很多四手类动物颜色艳丽，相貌美丽。

例如

●长尾猴 面部呈黑色，长着白色的颊须和颌毛，鼻子上有一个界限分明的圆形白斑，上面覆盖着白色短毛，整个面部看起来滑稽可笑。

●额斑猴的面部略带黑色，长有黑色的长颌毛，青白色前额上还有一个无毛的大斑点。

●多毛猕猴的面部是不鲜明的肉色，两颊各有一个界限分明的红色斑点。

●埃及南部白眉猿的外貌滑稽可笑，它的面部是黑色的，颊须和颈毛为白色，头部则是栗色，两个眼睑上各有一个无毛的大型白色斑点。

很多四手类动物的颌毛、颊须以及面部周围的冠毛与头部、面部的整体色调不同，色泽较淡，而且通常是白色，少数是亮黄或者微红色。南美短尾猴的整个面部均呈灿烂的猩红色，但只有在成年后才会呈现这种颜色。

各个不同种类的四手类动物的面部裸皮在颜色上也有很大差异。大部分种类呈褐色或肉色，局部呈白色，有时也会呈黑色。秃顶猴的猩红色面部就像高加索害羞的少女一样。有些个体面部呈橘黄色，还有几个物种的面部呈青色、紫罗兰色或者灰色。大部分四手类成年雌雄个体面部颜色较浓的物种，年幼时期颜色通常较淡，甚至就是普通的肤色。西非狒狒和恒河猴的情况也是如此，面部和臀部具有鲜艳颜色的只是雌雄个体中的一方。在这种情况下，颜色是通过性选择获得的。

按照人类的审美标准，只有部分种类的四手类拥有漂亮的外貌和鲜艳的色彩。

●眉线瘦猴的颜色虽然奇特，但很漂亮。它那橘黄色面部环绕着具有光泽的白色长颊须，在双眉之上各有一条栗红色的线，背部皮毛呈雅致的灰色，腰两侧各有一块方斑，尾巴和前臂纯白，胸部覆盖着栗色的皮毛，大腿是黑色，小腿是栗红色。

●有两种猴在颜色方面表现了轻微的性别差异，在某种程度上可以说明漂亮外貌是性选择的作用。髭猴皮毛的一般颜色为斑驳的微绿色，喉部为白色。雄猴的尾端为栗色，面部装饰丰富，皮毛是偏青的灰色，到眼睛下方逐渐加深成淡黑色。上唇是优雅的青色，下唇边有一条稀疏的黑髭，颊须为橘黄色，向后延伸到双耳，形成一条带形装饰，耳朵上则有浅白色的毛。 白须长尾猴 的皮毛一般为灰色，胸部和前腿内侧呈白色，后背有一个界限分明的大三角形块斑，呈鲜艳的栗色。雄猴大腿内侧及腹部是优雅的浅黄褐色，头顶呈黑色，面部和双耳为浓黑色，双眉上方有横向丛毛和长领毛。领毛是白色，根部则是黑色，与丛毛对比鲜明。

在这些种类的猴中，皮毛颜色美丽、色彩搭配奇特，头部冠毛以及簇毛具有各种各样的排列方式。我相信，这些性状发挥着装饰物的作用，并且通过性选择作用而获得。